新訳！星座の楽しみ方

星のお兄さんの
笑説 観察ガイド

上を向いて
笑おう！

はじめに

　仕事帰りや学校帰りに夜空を見上げて、輝く星々に癒されたり励まされることはあると思います。星は眺めるだけでもいいものですが、ちょっとした知識があるともっと楽しめるんです。

　プラネタリウムで星座解説をしていますが、天文学を専攻したわけでも、星座に興味があったわけでもありません。学生時代はバリバリの体育会系で、夢はバドミントン選手として実業団で活躍することでした。ところが就職したのは、スポーツセンターを併設しているラフォーレ琵琶湖で、センター管理とプラネタリウムの運営を任され、星座解説をするようになりました。

　たまたま巡り合った職業ではありますが、やると決まったことは精一杯頑張ることがモットーなので、試行錯誤しながら解説を続けました。次第に関西人の血が騒

いできてオモシロイことがしたくなり、気がついたらギャグやノリツッコミを連発し、投影前後にはギターを抱えて自作曲も披露するようになっていました。素人による異端なことも30年ぐらい続けていると、評価してくれる人も増えてきます。石の上にも3年とはいいますが、星座の解説も30年というところでしょうか。
　今回、本書を発行することになり、思わずツッコミたくなるような星ネタをまとめさせていただきました。なにかあったら、上を見て笑いましょう！　星はいつも輝いています。
　これまで星座解説でご支援、ご協力をいただきました方々、プラネタリウムショーを楽しんでいただいた方々、そして本書を発行する機会を与えてくれた方々に御礼申し上げます。

プラネタリウム解説者
「星のお兄さん」田端英樹

※ギリシャ神話や星名表記、人名表記は様々な諸説がありますのでご了承ください。

CONTENTS

第1章 春の星座

春の星座の見つけ方・・・・・・・・8
おおぐま座・・・・・・・・・・・・10
こぐま座・・・・・・・・・・・・・12
うしかい座／りょうけん座・・・・14
うみへび座／からす座／コップ座・16
ケンタウルス座／おおかみ座・・・18
やまねこ座／こじし座・・・・・・20
まだあるよ！春の星座・・・・・・22

第2章 夏の星座

夏の星座の見つけ方・・・・・・・24
こと座・・・・・・・・・・・・・26
いるか座・・・・・・・・・・・・28
はくちょう座・・・・・・・・・・30
わし座・・・・・・・・・・・・・32
りゅう座・・・・・・・・・・・・34
ヘルクレス座・・・・・・・・・・36
まだあるよ！夏の星座・・・・・・38

第4章 冬の星座

冬の星座の見つけ方・・・・・・・・56

オリオン座・・・・・・・・・・・・・・・・58

おおいぬ座／こいぬ座・・・・・・60

ぎょしゃ座・・・・・・・・・・・・・・・・62

エリダヌス座・・・・・・・・・・・・・64

いっかくじゅう座／うさぎ座／はと座・66

きりん座・・・・・・・・・・・・・・・・・68

とも座／りゅうこつ座／らしんばん座・70

まだあるよ！ 冬の星座・・・・・・・72

第3章 秋の星座

秋の星座の見つけ方・・・・・・・・40

ペガスス座・・・・・・・・・・・・・42

カシオペヤ座・・・・・・・・・・・・44

ケフェウス座・・・・・・・・・・・・46

アンドロメダ座・・・・・・・・・・・48

ペルセウス座・・・・・・・・・・・・50

くじら座・・・・・・・・・・・・・・・・52

まだあるよ！ 秋の星座・・・・・・54

第5章 12星座のエピソード

おひつじ座・・・・・・・・・・・・・74
おうし座・・・・・・・・・・・・・・76
ふたご座・・・・・・・・・・・・・・78
かに座・・・・・・・・・・・・・・・80
しし座・・・・・・・・・・・・・・・82
おとめ座・・・・・・・・・・・・・・84
てんびん座・・・・・・・・・・・・・86
さそり座・・・・・・・・・・・・・・88
いて座・・・・・・・・・・・・・・・90
やぎ座・・・・・・・・・・・・・・・92
みずがめ座・・・・・・・・・・・・・94
うお座・・・・・・・・・・・・・・・96
近代以降にできた星座・・・・・・98

第6章 星のお兄さん注目！星のおもしろ話

星のはじまり・・・・・・・・・・・100
星の集まり銀河・・・・・・・・・・102
星団と星雲、そして流星・・・・・・104
星座ができたワケ・・・・・・・・・106
星占いの星座と季節が違うナゾ・108
南半球で見える星座・・・・・・・・110
星物語〜海外編〜・・・・・・・・・112
星物語〜日本編〜・・・・・・・・・114
野外で星空鑑賞・・・・・・・・・・116
プラネタリウムに行こう！・・・・118

星座リスト・・・・・・・・・・・・120
INDEX・・・・・・・・・・・・・124

第1章
春の星座

春の星座の見つけ方

第1章　春の星座

季節の星をまとめると、意外な事実がわかります。なにやら、おとめ座が怒ってます。うしかい座がふざけたポーズをしながらキックしているんですね。さらに頭上にはしし座。おとめ座にしたら踏んだり蹴ったりです。そりゃ怒りますわ。

春の星座探しは北斗七星を見つけることが大事

全体的に明るい星は少ないですが、大きな星座はたくさんあります。北には柄杓形の北斗七星を含むおおぐま座、北極星のあるこぐま座があります。おおぐま座の柄杓の先を下に伸ばすとしし座のレグルスがあり、柄のカーブの先にはうしかい座のアルクトゥルス、さらに伸ばしていくとおとめ座のスピカがあります。この大きなカーブが「春の大曲線」です。また、アルクトゥルス、スピカにしし座のデネボラを加えてできる三角形を「春の大三角」と呼びます。

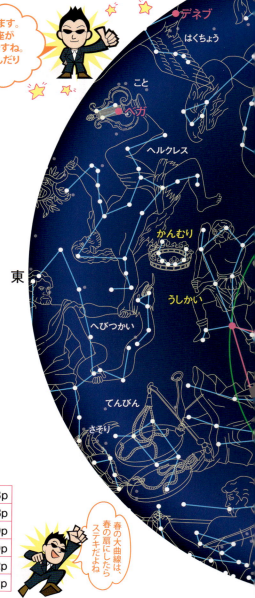

天の川

本書で紹介している春の星座リスト

おおぐま座‥‥‥‥10p	
こぐま座‥‥‥‥‥12p	ケンタウルス座‥18p
うしかい座‥‥‥‥14p	おおかみ座‥‥‥18p
りょうけん座‥‥‥14p	やまねこ座‥‥‥20p
うみへび座‥‥‥‥16p	こじし座‥‥‥‥‥20p
からす座‥‥‥‥‥16p	かみのけ座‥‥‥22p
コップ座‥‥‥‥‥16p	かんむり座‥‥‥22p

春の大曲線は、春の扇にしたらステキだよね

後ろ足がデカすぎ！シッポは長すぎ！
おおぐま座

おおぐま座を見つけるには、まず「北斗七星」から探してみよう！

第1章 春の星座

| 学名 | Ursa Major（ウルサ・マヨール） | 見ごろ | 春の宵の空 | 見つけやすさ | ★★★ | カッコよさ | ★★★ |

春の星座のナビゲーターといえる柄杓型の北斗七星を見つけると、春の星座探しが楽しくなります。柄杓の柄から2番目の星が2つに見える人は視力抜群の証。

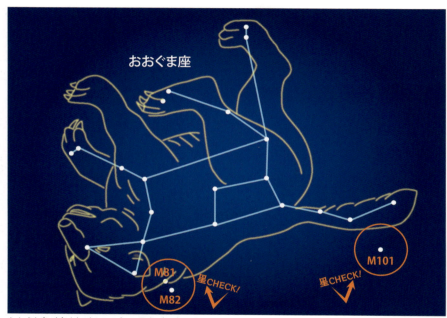

おおぐま座が高く上がるのは春。2月半ばは東の空で縦に見えて、4月になると北の空で横たわっているように見えます。まるで冬眠から目覚めて移動したみたいですね。おおぐま座のシッポあたりが北斗七星になります

日本ではほぼ1年中北の空で見られる星座

北 天で瞬くおおぐま座は、毎晩のようにどこにいても見られますが、一番の見ごろは春の宵の空。柄杓のような形をした7個の明るい星は、大きな熊の胴体と、長いシッポを表しています。これを熊の爪の部分にあたる3対ある2つの並んだ星と結びつけると、北の空を逆さまに歩く大熊の姿が浮かび上がってくるでしょう。おおぐま座の起源は古代ギリシャ時代といわれていますが、海を越えた北米のネイティブアメリカンも熊に見立てていたそうです。

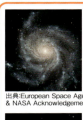

M101
距離約2700万光年。1781年にピエール・メシャンが発見した渦巻銀河（回転花火銀河）。おおぐま座のシッポ近くにあります。
出典:European Space Agency & NASA Acknowledgements

M81とM82
おおぐま座の頭部近くにある楕円銀河M81とM82は、相互作用で爆発的な星形成が進行し不規則な形になったといわれています。

星座のウソ？ホント？
「お前はもう死んでいる」の名台詞のマンガで有名になった北斗七星。北斗、北斗星、七曜の星、七剣星とも呼ばれますが、実は「北斗七星座」という星座はありません。おおぐま座の腰からシッポを構成する7つの明るい恒星でかたどられる星列のことなのです。

春の星座　おおぐま座

星のお兄さんの 星ネタトークショー

Bearよりも「くまさん」でしょ！

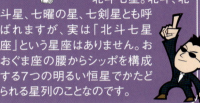

星のお兄さんプラネタリウムショーに、3歳ぐらいの子どもたちが来てくれました。ナント200人の団体。しかも全員が英会話教室に通っているとか。3歳で英語なんて驚きですが、子どもなので星座の絵を出すと喜ぶわけです。「おおぐま座」なんか「くましゃん」って言う。かわいいもんです。「このくましゃんは英語で何と言うのかな？」と聞いてみると、見事に全員が声を揃えて「Bear」って言うんです。むちゃくちゃ発音がいい。だけど、まずは「くましゃん」を「くまさん」と言える方がいいと思うんですよね（笑）。

おおぐま座は女の嫉妬心から生まれた

月の女神アルテミスの侍女に、森の妖精カリストがいました。大神ゼウスが森を楽しげに駆け回るカリストに恋をして、ふたりの間にアルカスという男の子が誕生。これを知ったゼウスの妃ヘラは大変に怒り、カリストを恐ろしい熊にしてしまいました。おおぐま座は、熊になったカリストの姿ということですが、他説ではカリストは女神アルテミスの侍女でありながら純潔を破ったため、アルテミスが罰として熊に変えたともいわれています。

第1章 春の星座

シッポに北極星をつけたオシャレな奴！
こぐま座

一年中見える「こぐま座」だけど、北の空高く輝くのは春だよ！

| 学名 | Ursa Minor（ウルサ・ミノール） | 見ごろ | 春から初夏 | 見つけやすさ | ★★★ | カッコよさ | ★★★ |

一年中ほぼ位置を変えない北極星は、世界各地で重要な目印とされています。かつてヨーロッパの船乗りたちは、聖母マリアの星として崇拝していました。

北極星の見つけ方は、北斗七星の端にある2つの星の間隔を、柄杓の口の方へ5倍伸ばしたところ。もしくは、カシオペヤ座の両端の辺の交点と真ん中の星をつないで5倍にしたところにあります

北の方角を教えてくれる「北極星」が輝く

ギ リシャ神話が誕生した紀元前1200年頃から何千年か毎に別の星に移り変わりながら真北の空に輝いている2等星が「北極星」です。こぐま座はその「北極星」をシッポの先にして、北の空をぐるぐるめぐっている小さな星座で、おおぐま座の一部である「北斗七星」をそのまま小さくしたような形をしています。しかし、星座を構成する星が小さいので、市街地では肉眼で見つけられません。夜空の暗い場所で観察すると、その全形を確かめることができます。

星CHECK!

北極星（α星）

北極星は地球の自転軸（地軸）を、天に伸ばしたところにある「天の北極」近くに位置しているため、地球から見るとほとんど動かず、北の空の星は北極星の周りを回転しているように見えます。ただ、北極星は春分点歳差のため、何千年か毎に別の星に移り変わるそうです。

星座のウソ？ホント？

おおぐま座も、こぐま座も、熊とは思えないほどシッポが長くて不思議な形をしています。実は熊の親子が星座として天に上げられるときに、大神ゼウスがシッポをつかんで思いっきり放り投げたから、シッポがこんなに伸びてしまったとか。

春の星座 こぐま座

星のお兄さんの 星ネタトークショー

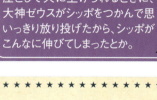

ゼウス様、それは殺生ですわー

ギリシャ神話では、おおぐま座とこぐま座は親子とされています。熊の姿になった母カリストは、ある日、立派な青年に育った息子アルカスを見つけて、うれしさのあまり駆け寄るわけですが、アルカスは熊が母とは知らず、矢で射ち殺そうとします。その様子を見ていた大神ゼウスは哀れに思い、矢が当たる直前に親子を2匹の熊の星座にしたそうです。でも、そもそもゼウスの浮気がはじまりで、アルカスはゼウスの息子でもあるんですよね。どうせ哀れに思うなら、おおぐまカリストを元の母親の姿に戻せばいいのにね〜(笑)。

星座になっても嫉妬。罰は休憩なしの天空徘徊

 精カリストはおおぐま座、息子アルカスはこぐま座になったものの、妬み深い大神ゼウスの妃ヘラは天空で仲良く輝いている様子を見て、嫉妬は消えることなく倍増。そこで海の神オケアノスと女神テティスに頼み、この母子はほかの星のように、1日に1回海の下に沈んでひと休みすることが許されないようにしました。そのため、おおぐま座とこぐま座は、ひと晩中沈むこともなく北の空をぐるぐると回り続けているといわれています。

熊の番人なのに仕事は犬に任せっきり
うしかい座、りょうけん座

❶うしかい座学名 Bootes（ボオーテス） ❷りょうけん座学名 Canes Venatici（カネス・ヴィナティキ）

見ごろ 春から初夏にかけての宵　見つけやすさ ★★★　カッコよさ ★★☆

うしかい座は、晩春から梅雨の頃にかけて頭上を通り過ぎる大きな星座です。最も明るく輝くアルクトゥルスは、日本では「麦星」として親しまれています。

第1章 春の星座

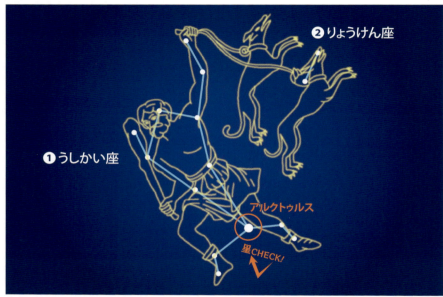

北斗七星の柄の先を伸ばした先にあるのがオレンジ色に輝く1等星のアルクトゥルスで、これを頂点に2等星と3等星によって描かれるネクタイのような星列がうしかい座になります。アルクトゥルスは春の大曲線の星のひとつです

❶ 麦を刈る時期を知らせるアルクトゥルス

古代ギリシャの詩人ホメロスの叙事詩の中に、船の針路を決める星座としてうしかい座が記述されているので、当時から航海に使われていたのかもしれません。トレミーの48星座のひとつです。日本では、1等星のアルクトゥルスが麦の刈り入れ時の春の宵に頭上で輝くことから、「麦星」をはじめ、「五月雨星」「麦刈り星」「麦熟れ星」などの名で親しまれています。うしかい座に比べて、りょうけん座は存在の薄い印象ですが、猟犬あっての牛飼いなのです。

アルクトゥルス
うしかい座で最も明るい恒星で、全天21ある1等星の中で4番目の明るさがあります。おとめ座のスピカが近くに輝いており、アルクトゥルスのオレンジ色とスピカの青白い色の対比から「夫婦星」とも呼ばれています。ちなみにアルクトゥルスが男性、スピカが女性です。

星CHECK!

星座のウソ？ホント？

りょうけん座は17世紀頃に誕生した星座なので、それにまつわる神話は見当たりません。なお、この星座を設定した天文学者ヘヴェリウスによって、北側の犬をAsterion（アステリオン）、南側の犬をChara（カラ）と名付けられているそうです。

春の星座　うしかい座・りょうけん座

星のお兄さんの 星ネタトークショー

果たして、うしかい座の正体は！？

ギリシャ神話によると、うしかい座は天を担ぐ巨人アトラスとか、足が不自由だったため馬車で戦場を駆けめぐったアテナイ王エリクトニウスとか、さらには大熊を追いかけているアルカスといわれているけど真偽は謎。アトラスはペルセウス座で、エリクトニウスはぎょしゃ座、それにアルカスはこぐま座なので、ますます正体不明。それにしてもアルカスって人気者だね。小熊になったり牛飼いになったり芸達者だよ。さすが大神ゼウスの息子。だけど、熊の狩りをする方とされる方の二役ってどうよ！いくら芸達者でも厳しいぜ！(笑)

❷ 謎に包まれたミステリアスな牛飼い

うしかい座は古代ギリシャ時代からある星座ですが、その由来は諸説あり（星ネタトークショー参照）謎に包まれています。熊の番人（アルクトゥルス）という名前の星をもつ牛飼いでありながら、牛の近くにはいないし、熊（おおぐま座・こぐま座）を見張ることもなく、よそ見をしているので、どうして牛飼いに見立てられたのかさらに謎は深まります。おそらく2匹の猟犬が優秀なのかもしれませんが、この牛飼いは仕事ができる男という印象ではありませんね。

へビが、コップとカラスを運んでる!?

うみへび座、からす座、コップ座

| ❶うみへび座学名 | Hydra（ヒドラ） | ❷からす座学名 | Corvus（コルヴス） | ❸コップ座学名 | Crater（クラテル） |

見ごろ　春の宵の空　見つけやすさ ★★★　カッコよさ ★★☆

地味だけど星座面積はナンバーワン！点々と連なる星を繋げていくと、視界の大部分を占めてしまうほど巨大な星座。かに座の南下に、うみへび座の頭があります。

第1章　春の星座

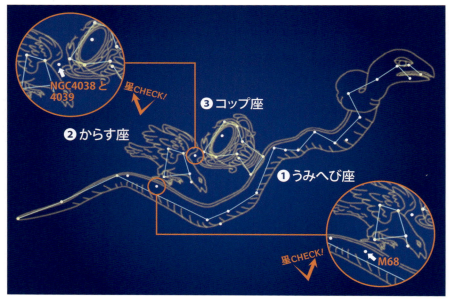

ヘビが姿を現すのは、2月の深夜から6月の宵まで。4月中旬から5月の20時頃までは比較的見やすい。ヘビのシッポに近いのが「からす座」で、中央にあるのが「コップ座」。ちなみにヘビの首あたりにあるのが「ろくぶんぎ座」

❶9つの頭を持つ怪物の説もあるうみへび座

西に伸びるうみへび座は、頭の先が地平線上に出てから、シッポの先が見えるまで6時間もかかるほど大きな星座。紀元前3500年頃のシュメール時代につくられたそうで、当時はいまよりも長い星座だったそうです。ギリシャ神話では、巨大な胴体に9つの頭を持ち、首を切ってもすぐに新しい首が2つ生えてくるうえ、1つは不死身の頭という怪物ヒュドラーの姿といわれています。口から毒ガスを吐くという手強さでしたが、ヘルクレスが退治しました。

M68
銀河が多い春の夜空では珍しい球状星団です。うみへび座とからす座の下にあり、光雲にパラパラと星が重なって見えます。

星CHECK!

NGC4038と4039
アンテナ銀河、触角銀河と呼ばれています。2つの銀河が衝突して触角状に伸びていますが、何億年も前は別々の渦巻き銀河でした。

星座のウソ？ホント？
芸術の神アポロンの従者からすは、水汲みを命じられるも寄り道して戻るのが遅れました。途中の泉で見つけたヘビを差し出して、「ヘビのせいで遅れた」と言い訳しましたが、アポロンはウソを見抜き、からすが水を飲めない罰を与えました。そのため、うみへび、からす、コップが一続きになっているとか。ウソはやっぱりいけないという話でした。

春の星座　うみへび座、からす座、コップ座

❷ 天空のからすはひっそりと身を潜めている

真っ黒くて不気味な印象もあり、人々から好かれている存在とは言えないからすですが、ギリシャ神話では美しい白銀の翼を持ち、人の言葉を使う賢い鳥として描かれています。アポロンに頼まれたお使いに遅れたからすは、その言い訳に、アポロンの恋人コロニスの浮気現場を目撃したからと嘘をつく。激怒したアポロンは罰として、からすの翼を真っ黒に染め、二度と人の言葉を話せないようにして天上に追放。四角い星座になっているのは、アポロンがからすを天に打ち付けたときの釘とのことです。

❸ コップはコップでも古代の杯クラテルだった

4等星以下の暗い星で構成されている地味な星座ですが、古代ギリシャ時代から語り継がれている古くから人々に親しまれた星座です。それだけに諸説あり、お酒の神ディオニューソス（バッカス）が酒をつくった杯とか、恐ろしい魔法使いとして知られていた王女メディアが薬草の汁を混ぜた杯とか、英雄ヘルクレスやアキレスの杯などともいわれています。いずれにしても現代のようなコップではなく、古代ギリシャで日常的に使われていたクラテルとよばれる耳付きの杯の形をしています。

第1章 春の星座

半人半馬のケンタウルスは血気盛んな種族
ケンタウルス座、おおかみ座

ケンタウルス座は、紀元前5千年紀に成立した最も古い星座らしい

❶ケンタウルス座学名 Centaurus（ケンタウルス）　❷おおかみ座学名 Lupus（ルプス）
見ごろ　春の深夜から初夏の宵　見つけやすさ ★★☆　カッコよさ ★★☆

南半球で空高く輝くケンタウルス座は、日本では南の地平線近くで上半身しか確認できませんが、1等星が2つもあるので比較的見つけやすい星座といえます。

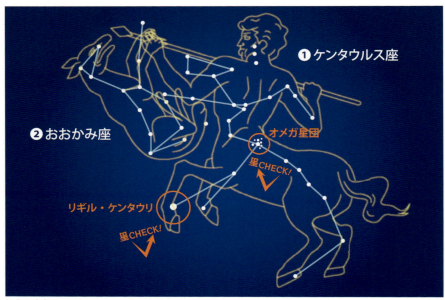

日本の大部分ではケンタウルス座の上半身だけ地平線上に見ることができます。全体が見えるのは沖縄県や小笠原諸島の一部地域と限られています。なお後ろ足の辺りで輝くのは「みなみじゅうじ座」です

❶ケンタウルスは人じゃなく怪人種族の名前

ケンタウルス座は古代ギリシャ時代につくられた星座。その姿となっているケンタウルス族のフォローは、親しくなったヘルクレスを自分が住む洞穴に招きました。お酒をふるまいはじめると、その匂いにつられて他のケンタウルスたちが乱入してきたので、ヘルクレスは弓を放って応戦。倒された仲間から矢を抜こうとしたフォローは、誤って自分の足に矢を刺して絶命しました。その死を悼んだ大神ゼウスは、フォローを星座にしたそうです。

春の星座 ケンタウルス座、おおかみ座

オメガ星団
全天で最も大きい球状星団。1万7000光年彼方の1000万個以上の星が集まっており、肉眼でも見つけられるほどの明るさです。

星CHECK!

リギル・ケンタウリ
太陽以外の星の中では、地球から最も近くにある恒星。その距離は約4.4光年とか。全天で3番目の明るさを誇ります。

星座のウソ？ホント？
ギリシャ神話のケンタウルス族は、狩りが得意な乱暴者の多い種族とか。大抵の星座絵には、ケンタウルスに槍で突かれているオオカミが描かれていますが、本当に猛者ならオオカミじゃなくライオンやトラを狩っている絵にすればいいのにね。

星のお兄さんの 星ネタトークショー

古代ギリシャ人って半人半馬好き？

上半身は人間で下半身は馬というケンタウルス座は、いて座のケイローンと同じケンタウルス族の怪人らしいのですが、88星座のうちに人間以外の生物（架空上の生物も含む）が2つもあるなんて不思議。古代ギリシャ人はよっぽど半人半馬が好きなのか、それともギリシャ神話もネタ切れだったんでしょうか。どうせなら全く違う絵で別の星座にした方がいいのになーと思うんです。おおかみ座とおおいぬ座を区別できるなら可能なはず。たとえば、上半身が人間で下半身が虎、名付けて「半人タイガース」座!! なんて如何??

❷古代ギリシャでは野獣と表されたおおかみ座

おおかみ座は、元々はケンタウルスが右手でつかんでいる野獣と表現されており、ケンタウルス座の一部分として考えられていたようです。ギリシャ神話の中では、アルカディア王のリュカオンが、大神ゼウスをもてなすために人肉を供したことで、ゼウスの怒りをかい狼に変えられた姿だといわれています。ちなみに、このリュカオンは、おおぐま座となった妖精カリストの父といわれており、ゼウスの孫でもあるそうです。なかなか複雑な家系ですね。

第1章 春の星座

ひっそりと春の夜空に輝くネコ科の獣たち
やまねこ座、こじし座

なんでこんな窮屈なところに獣を二匹つくったんだ!?

❶やまねこ座学名	Lynx（リンクス）	❷こじし座学名	Leo Minor（レオ・ミノール）
見ごろ	春の宵の空	見つけやすさ	★★☆ カッコよさ ★☆☆

日本全国で観測できますが、明るい星もなく、星の配列に特徴もない、地味な星座です。でも、これを見つけられたら星座通だと思われること間違いなし！

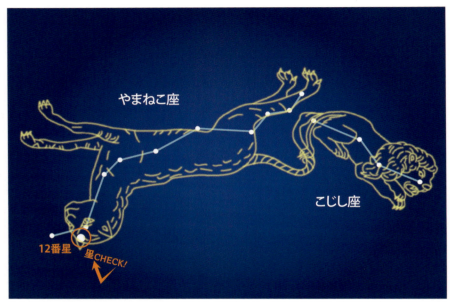

おおくま座の前足あたりにいるのが、やまねこ座です。頭の部分は一年中見えていて、地平下に沈むことはありません。そのやまねこ座の後ろ足のところにいるのがこじし座で、どちらも明るい星がないので見つけにくい星座です

❶ かなり視力がよくないと見つけられない！

やまねこ座は、17世紀の天文学者ヨハネス・ヘヴェリウスが創設しました。最も明るい星でも3等星で、星の並びに特徴もなく、かなり視力がよくないと見つけるのは難しいでしょう。ヘヴェリウスが命名した当初「山猫、または虎」というあいまいな名前だったそうで、「この星座を見るには、山猫のように鋭い目をもって見ることが必要」と語ったそうです。やまねこ座を見つけるより、ヘヴェリウスがこの星座をつくった理由を見つける方が難しいかもしれません。

春の星座　やまねこ座、こじし座

12番星
目立たない星ばかりで構成されていますが、この12番星は、やまねこ座の頭にある星です。口径6センチ以上の望遠鏡なら、二重星になっているのを確認できるでしょう。この12番星がわかれば、やまねこ座はもちろん、こじし座も見つけられるでしょう。

星座のウソ？ホント？

やまねこ座もこじし座も神話はありません。しかし、ローマ時代の『変身物語』で、残忍な罪を犯したリンクス王が星座（やまねこ座）にされ、夜空で寂しく過ごすことになったと記されています。ヘヴェリウスはこの物語を知っていたのかもしれません。

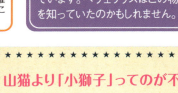

星のお兄さんの星ネタトークショー

山猫より「小獅子」ってのが不思議！

やまねこ座、こじし座は、ヘヴェリウスがつくった地味な星座で、神話もないし、正直ネタもありません！　こんな星座をつくるぐらいだから、ヘヴェリウスって変わり者だったんだろうなって思いますよね。もしくはネコ科の動物が好きだったのか。それにしても、「おおぐま座」に対して「こぐま座」で、「おおいぬ座」に対して「こいぬ座」だから、「こじし座」に対しては「おおじし座」があってもいいはずなのに単なる「しし座」!! しかも関係性はない。まぁ、きつね座がないのに「こぎつね座」ってのもありますけど(笑)。

❷ やまねこより小さいライオンが夜空にいる

こじし座は、おおぐま座の足下、やまねこ座の後ろ足に挟まれるようにあります。この星座は、いちばん明るい星でも4等星で、あとは淡い星ばかり。どんなに視力が良くて想像力が豊かでも、小さなライオンの姿は見つけにくいかもしれません。こちらもヘヴェリウスによって命名された星座です。ちなみに、ヘヴェリウスは、星の観測を肉眼でしていたそうです。当時はよほど星が見えていたのか、彼の目が良かったのか。どちらにしても地味すぎる星座です。

まだあるよ！春の星座

「春のダイヤモンド」に「かんむり座」とジュエリーな星座がある

うしかい座アルクトゥルス、おとめ座スピカ、しし座デネボラを結んだ上にある、りょうけん座コル・カロリを加えた四辺形が「春のダイヤモンド」。その中に「かみのけ座」があります。四辺形ならダイヤモンドじゃなく春の四角でもいいのになーと思いますがね（笑）。

かみのけ座

かんむり座

　春は小さくてユニークな星座もあります。春の日暮れ時、頭の真上にある小さな星の群れが、ベレニケの髪とも呼ばれる「かみのけ座」。この星の群れは、およそ40個の星による「Mel（メロッテ）.111」という散開星団で、散開星団によるめずらしい星座。しかも古くからある星座で、紀元前2世紀に実在したエジプト王妃ベレニケ2世にちなんでいます。夫の勝利を祈願して神殿に捧げた、ベレニケの美しい髪の毛が星座になったというのです。1602年、天文学者ティコ・ブラーエによって正式に星座に加えられました。

　かみのけ座との関連はありませんが、頭つながりの「かんむり座」があります。うしかい座の東隣りで小さな半円形を描いており、その中ほどに輝いているのは、宝石を意味する2等星ゲンマ。ギリシャ神話では酒の神様ディオニュッソスが、結婚式の日に妻となるアリアドネに贈った冠で、アリアドネの死後に永遠の証として星座にしたとか。ネックレス座でもよかった気がしますけどね。

　このほか、空に長々と横たわるうみへび座のすぐ南に接している「ポンプ座」、うみへび座の背にのったコップ座の西側にある「ろくぶんぎ座」もあります。

第2章 夏の星座

夏の星座の見つけ方

第2章 夏の星座

「春の大三角」だけではなく、夏にも大三角があります。こと座のベガ、わし座のアルタイル、はくちょう座のデネブをつないで「夏の大三角」なんですが、星のお兄さんに言わせてみれば、どんな星をつないでも三角形になるんですよね。

夏は天の川と大三角が最も美しい季節

　天の川を挟むように輝くのが、こと座のベガ、わし座のアルタイル。有名な七夕伝説に登場する星で、ベガは織女星、アルタイルは牽牛星です。その間にあるのがはくちょう座。この最も明るい星デネブ、ベガ、アルタイルを結ぶと、大きな三角形ができ「夏の大三角」と呼ばれています。また、南の低いところにはさそり座、東にはいて座が見えています。さそり座の尾といて座の間は銀河系の中心があるので、天の川でひときわ多くの星が瞬いています。

夏もくまの親子の存在感は圧倒的だね

本書で紹介している夏の星座リスト	
こと座……………26p	
いるか座…………28p	ヘルクレス座……36p
はくちょう座……30p	へびつかい座……38p
わし座……………32p	へび座……………38p
りゅう座…………34p	とかげ座…………38p

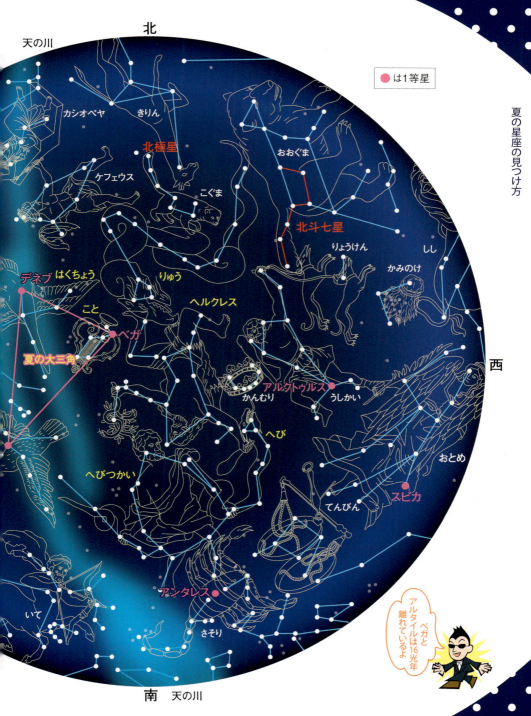

ベガより、織姫星として親しまれている

こと座

こと座は小さな星座だけど、夏を代表する星座のひとつだよ

| 学名 | Lyra（リラ） | 見ごろ | 夏の宵の空 | 見つけやすさ | ★★★ | カッコよさ | ★★★ |

こと座の「ベガ」は、七夕の織姫星として日本ではおなじみの星。天の川の反対側にあるのが、七夕伝説になっているわし座の「アルタイル」彦星です。

第2章 夏の星座

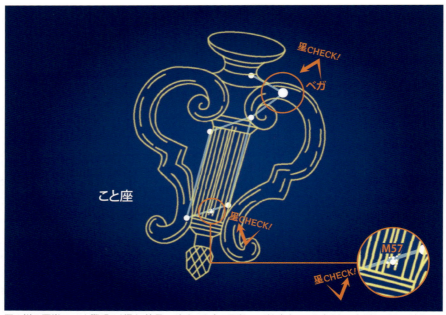

天の川の西岸で、ひと際明るく輝く1等星ベガが、こと座の目印。ベガを中心にした小さな三角形と、それに連なるようにある平行四辺形が、こと座になります。また、ベガは夏の大三角のひとつでもあります

古今東西、アルタイルと対にされるベガ

こと座で最も明るい星ベガは、アラビアでは翼をたたんで砂漠に降りてくる「落ちる鷲」といわれています。一方、わし座のアルタイルは翼を広げて「飛ぶ鷲」。さらに中国から日本に伝わった七夕伝説では、ベガは「織姫（織女）」で、アルタイルは「彦星（牽牛）」といわれてきました。古今東西問わず、ベガとアルタイルは対にされていたようです。しかも、ギリシャ神話も七夕伝説も、愛し合う夫婦の悲しい物語というのは不思議なものです。

ベガ
全天で5番目に明るい白色星。夏の星座で最も明るい。25光年にある太陽の約3倍の大きさがあるといわれています。

M57
双眼鏡や小さな望遠鏡でもリングがわかる惑星状星雲。リングはゆっくり外側に広がっており、1万年後には消えると考えられています。

星座のウソ？ホント？
88星座の中で唯一、楽器に見立てられていること座。紀元前1200年頃のフェニキアですでに誕生していたという説もあります。あの星の配列を「こと」に見立てた古代の人々は、ことを大切にしていたことが伝わります。

星のお兄さんの星ネタトークショー

ことは琴でも竪琴！

「こと」というと、日本では「お箏」をイメージすると思いますが、神話ではハープのような「竪琴」のこと。夏の夜空には、日本のお正月に聞くような音色や曲は合わないかも。それにしても、「こと」は国が違っても昔から人々に愛されている伝統的な弦楽器なんですね。ちなみに日本では古事記（712年編纂）が書かれた時代から「こと」はあるそうで、琴、箏、和琴、一絃琴（須磨琴）、二絃琴（八雲琴）の5種もあるとか。星座ネタじゃないけどお役立ち情報でした（笑）。

こと座に秘められた悲しい夫婦の物語

の名手オルフェウスは、不慮の事故で妻のエウリディケを失い、冥府に妻を探しに行きます。冥府の王ハデスは、オルフェウスが奏でる美しい琴の音色に心を動かされ、地上に戻るまで一度も振り返らないという条件をつけて妻を地上に戻すと約束。ところが、途中で不安になって振り返り、再び妻を失います。絶望したオルフェウスは嘆きのあまり命を落とし、その楽才を惜しんだ太陽と音楽の神アポロンが、主のいない琴を星座にしました。

古い星座図を見ると、海獣というより怪獣！

いるか座

どう猛そうに見えるイルカだけど、神話では音楽好きなキューピット！

| 学名 | Delphinus（デルフィヌス） | 見ごろ | 夏の宵の空 | 見つけやすさ | ★☆☆ | カッコよさ | ★☆☆ |

本物のイルカは海の人気者ですが、古い星座図などを見ると、タテガミやアゴヒゲらしきものを蓄えて、背びれなどがとがった、どう猛な感じのする生き物として描かれています。

第2章 夏の星座

わし座のアルタイルの北東にある小さなひし型が、いるか座です。4等星ばかりの暗く小さい星座ですが、トランプのダイヤ型のようにきれいな形をしているので、暗い夜空でとても目立ちます

アルタイル近くで輝く小さなひし形が目印

いるか座は、天の川の東岸、わし座の伸ばした右翼の先に位置する小さな星座です。4等星ばかりの星座ですが、小さなひし型はよく目立ちます。トレミーの48星座の中にも入っている歴史の古い星座で、古くから世界各地で注目されてきました。西洋では旧約聖書ヨブ記の主人公で、神への信仰心を貫いた人物として伝えられる「ヨブの棺」、中国では瓜畑に見立てられ、日本では「菱星」あるいは「杼星」などと呼ばれています。

NGC6905
いるか座の背びれの上あたりにある惑星状星雲。別名ブルー・フィッシュ星雲とも呼ばれるほど、淡く青い輝きを放っています。
出典:This photograph was produced by European

NGC6934
いるか座の下にある球状星団。視等級9.75なので口径5センチほどの望遠鏡から見ると、星の集合している様子を確認できます。

星CHECK!

星座のウソ？ホント？

いるか座には、ギリシャの音楽家アリオンを救った逸話もあります。船旅の途中で海賊に命を狙われたアリオンは竪琴を弾き、すきを見て海に逃げます。その美しい音色に集まってきた海のイルカたちが助け、故郷のコリントスまで送り届けたのでした。

夏の星座　いるか座

星のお兄さんの 星ネタトークショー

いるかいないかわからない！

イルカって海の人気者ですよね。昔から地中海にもイルカは多く生息しているようなので、天の川のほとりで星座になっているのは、それだけ親しまれていたということで納得しちゃいます。だけど星座絵に描かれているのは、イルカというよりでき損ないのドラゴンというか、つるりとした頭はブタのようで半豚半魚みたい。漢字にすると海豚だから、やっぱりブタかもしれません。それにしても、いるか座って小さくてホントに「いるか」？　どう見ても「いるか」いないかわからない！…お後がよろしいようで（苦笑）。

イルカは海の神ポセイドンの恋の使者!?

の神ポセイドンは、美しい海の妖精アムピトリテーに恋をして求婚しましたが、断られてしまいます。それでも果敢にアタックし続けるポセイドンを嫌ったアムピトリテーは、行方をくらましてしまいました。すると、一匹のいるかが使者となり、ポセイドンの気持ちをアムピトリテーに伝え、ついにはポセイドンとの結婚を承諾しました。ポセイドンとアムピトリテーの結婚式の日、ふたりの仲をとりもった功績から、いるかは星座にしたとされています。

夏の夜空を羽ばたく大きな白鳥
はくちょう座

> 天空に翼を広げているのに、頭は地平線に向いているのが不思議

| 学名 | Cygnus（キグヌス） | 見ごろ | 晩夏の宵の空 | 見つけやすさ | ★★★ | カッコよさ | ★★★ |

真夏から晩秋にかけて頭の真上辺りで輝くのが、はくちょう座。夜空がきれいなら、天の川の真ん中で翼を広げている白鳥の姿をイメージできるでしょう。

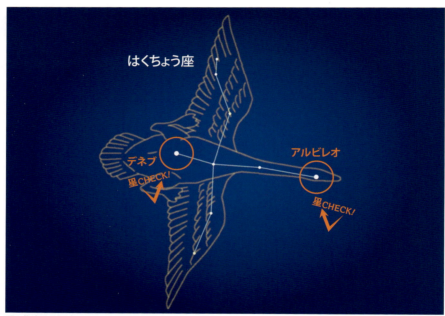

夏を代表する星座のひとつ、はくちょう座。こと座から、東の方角に目を移すと、天の川上に大きな十字が見つけられます。初夏は東の空で、秋には西の空で見ることができ、夜空を飛び回っているような印象です

天の川を渡る、大きい翼を広げた美しい白鳥

はくちょう座の骨格をつくる大きな十字型は、尾にあたるデネブが1等星、クチバシにあたるβ星アルビレオが3等星、十字型の中心に位置するγ星が2等星で、明るい星ばかりなので天の川の中にあってもよく目立ちます。この十字型は古来から北から南へと飛んでいく鳥の姿に見立てられており、「北十字」とも呼ばれています。また、はくちょう座の尾に輝く1等星「デネブ」は、こと座のベガ、わし座のアルタイルとともに「夏の大三角」を形成します。

夏の星座　はくちょう座

デネブ
はくちょう座のシッポで純白に輝く1等星。デネブは「シッポ、お尻」という意味があります。実際の明るさは太陽の6万倍以上もあります。

星CHECK!

アルビレオ
はくちょう座の口の部分に当たるアルビレオ。望遠鏡で見ると、黄色と青の色の対比が美しい二重星であることがわかります。

星座のウソ？ホント？

はくちょう座の1等星デネブは、アラビア語の「めんどりの尾」という意味の言葉が語源になっているとか。ギリシャ神話では大神ゼウスが変身した姿だと伝えていますが、もしかするとゼウスは鳥にも変身でき、性別も変えられるのかもしれません。

星のお兄さんの星ネタトークショー

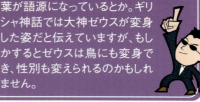

南北にあるけど東西にはない！

はくちょう座の主な星々は大きな十字架。南半球の有名な南十字星に対して、「北十字星」や「ノーザンクロス」とも言うそうです。確かに、この十字架は夜空で目立つんですよね。そんなこともあってか、キリスト教星座などでは「キリストの十字架」とも呼ばれているとか。南と北にある十字架の十字星・・・南と北にしかない・・・これじゃ西と東が可哀想ですね。だれか西十字と東十字もつくってあげてぇ〜（笑）。

逢瀬のために大神ゼウスが変身した白鳥

ギリシャのスパルタ王妃レダは、絶世の美女。そんなレダに恋をした大神ゼウスは、愛の女神アフロディテの力を借りて白鳥に変身し、レダに近寄ります。そんなことを知らないレダが白鳥を抱いて撫でているうちにゼウスは思いを遂げ、やがてレダは2つの卵を産みました。それぞれの卵から双子の男の子カストルとポルックス（ふたご座）、双子の女の子ヘレネとクリュタイメストラが誕生。美しく成長したヘレネは、後にトロヤ戦争のきっかけになりました。

紀元前1500年頃から鳥に見られていた！
わし座

大神ゼウスは鷲にも変身！ゼウスって何にでも変身できるんだね

| 学名 | Aquila（アクイラ） | 見ごろ | 夏の夜中の空 | 見つけやすさ | ★★★ | カッコよさ | ★★★ |

わし座の1等星アルタイルは、七夕伝説の彦星として日本でも古くから親しまれています。夏の大三角の一角をなす星なので、比較的見つけやすい星です。

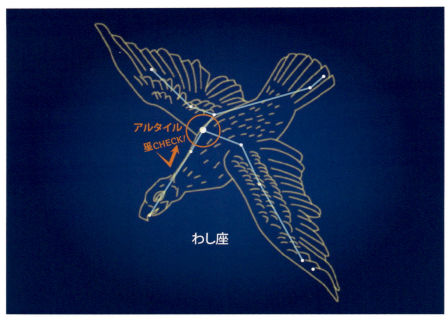

夏の天の川の東岸に位置しているのがわし座です。1等星のアルタイル、それを挟むようにある2つの星が一直線に並んでいます。このアルタイルが七夕の彦星（牽牛星）で、夏の大三角を形成するひとつです

夏の上空を舞い、天の川を渡る勇猛な鷲

わし座のアルタイル、はくちょう座のデネブ、こと座のベガの1等星で形づくられるのが「夏の大三角」です。わし座は、古代バビロニア時代から知られていた星座。1等星アルタイルを真ん中に明るい星が3つ並んだ形がよく目立ち、翼を広げて上空を舞う鷲の姿に見立てて、アラビア語で「飛ぶ鷲」という意味からアルタイルになりました。日本では彦星（牽牛星）として知られています。ちなみにアルタイルは、ベガより少し暗めです。

アルタイル

夏の夜空では2番目に明るい1等星アルタイル。その距離17光年という比較的若い星で、太陽の自転周期は27日ですが、アルタイルは7～9時間という短い周期で高速自転。近年の観測では、その高速回転により赤道部分が膨らんで楕円形をしていることがわかっています。

星座のウソ？ホント？

しばしば、わし座とセットで紹介される少年は、17世紀にケプラーが「アンティヌース座」として独立させたものですが今は廃止されてありません。ガニメーデスに見立てて、そのまま一緒に紹介されたりするようです。

夏の星座　わし座

星のお兄さんの星ネタトークショー

ワシぐらい大きくなくちゃ!?

わし座は、はくちょう座と比べると小さいので、たか座でも良いのではないか？と思ったんですよね。だけど、いろいろ調べてみると、タカ科の鳥で大きいものが「鷲」、小さいものが「鷹」というそうです。明確な区別はないけど、見た目の大きさから呼び分けているに過ぎないらしい。ということは、やっぱり美少年ガニメーデスをさらうぐらいなので、大きな鷲じゃないとダメなのかもしれません。紀元前から鷲と鷹を区別していた古代人もスゴイな。

美少年を連れ去る鷲は使者か化身か!?

トロイアの王子ガニメーデスは、非常に美しい少年でした。ある日、山で羊飼いをしていたところ、大神ゼウスの使者である鷲にさらわれて天上に連れていかれました。ガニメーデスは天上では神々の館で神酒を酌取りする役を与えられ、年を取ることなく幸せに過ごしたそうです。なお、ゼウスが鷲に化けて連れ去ったという説もあります。また、女神ヘラが、鷲に変えられたコスの島王メロプスを星座にしたとも伝えられていますが、ほかにも諸説あります。

北 天の空を半周し、北極星を取り巻くドラゴン
りゅう座

| 学名 | Draco（ドラコー） | 見ごろ | 夏の宵の空 | 見つけやすさ | ★★★ | カッコよさ | ★★☆ |

りゅう座は、こぐま座を取り囲むように位置している大きな星座です。一年中見ることができますが、明るい星が少ないため、天高くのぼる夏の時期が見つけやすいでしょう。

> 竜がうねっている感じをイメージできたら大したもんだ！

第2章 夏の星座

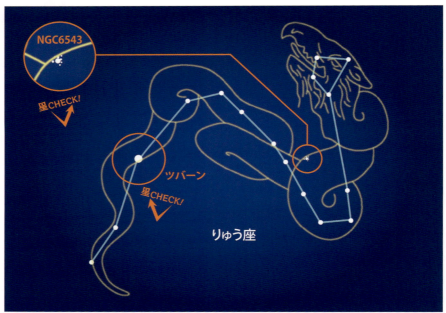

北の空を半周するほど大きいりゅう座は、北極星近くにあるので1年中見ることができます。小さい台形が頭で、長い胴体は北へ向かって伸び、弓のように折れ曲がりながら、こぐま座とおおぐま座の間にぐるりと尾を割りこませています。

近年はりゅう座ι（イオタ）流星群でも話題

りゅう座は、明るい星は少なくても、紀元前から知られる古い星座のひとつです。こぐま座の北極星または、はくちょう座ベガを見つけられれば、すぐわかります。こぐま座とおおぐま座に囲まれているのが竜の尾、ベガの北西に竜の頭があり、どちらからたどっても見つけやすい星座です。うしかい座とりゅう座の境界付近に出現するりゅう座ι（しぶんぎ座）流星群が有名です。毎年1月1〜5日頃に見られ、1月4日頃に4時間程度のピークを迎えます。

夏の星座　りゅう座

ツバーン

竜を意味するツバーンという名前がついた3等星。紀元前2790年頃は、歳差によりこの星が北極星だったといわれています。

星CHECK!

NGC6543

りゅう座の巨体が大きく折れ曲がる辺りにあるキャッツアイ星雲とよばれる惑星状星雲。20センチ程の望遠鏡でも確認できます。

星座のウソ？ホント？

りゅう座にまつわる神話は、カドモスに倒された竜とか、アルゴ船の冒険でイアソンらの目的である金の羊の毛皮を守っていた竜とか、神々との戦いの時に女神アテナを襲った竜とか諸説あります。どれがホントかわかりませんが、宝の番人説は有力かもしれません。

星のお兄さんの 星ネタトークショー

ラドンよ、油断大敵なのだ！

りゅう座の竜ラドンは、100の頭を持ち、常にいずれかの頭は起きていて、黄金のリンゴを四六時中守っていたとか！　ラドンすごい！　まさに比叡山延暦寺「不滅の法灯」に相通ずるものがあるね。　ちなみに「不滅の法灯」を消さないように、日々油を注ぎ足すことからできたのが「油断大敵」という言葉なんですよ。だけど、ここだけの話ですが、ラドンがうっかり居眠りをして、リンゴを奪われてしまうという説もあるんです（苦笑）。

竜はリンゴを守っていただけなのに…災難

100の頭をもつ竜ラドンは、大地の女神ガイアが、大神ゼウスと女神ヘラの結婚祝いとして贈った黄金のリンゴを長い間守り続けていました。勇者ヘルクレスの11番目の冒険は、そのリンゴを取ってくるということでした。冒険の途中で、天を担いでいる巨人アトラスに「竜を退治すればリンゴを取ってきてやろう」と言われ、ヒュドラの毒を塗った矢で竜を射殺し、リンゴを手にしました。女神ヘラはラドンの功績に感謝して、星座にしたそうです。

逆さまになったギリシャ神話の英雄ヘルクレス
ヘルクレス座

| 学名 | Hercules（ヘルクレス） | 見ごろ | 夏の宵の空 | 見つけやすさ | ★★☆ | カッコよさ | ★★★ |

ヘルクレス座は、全天で5番目に大きい星座にもかかわらず、あまり明るい星はありません。星座としてはイマイチぱっとしませんが、夜空でギリシャ神話の英雄を探してみましょう！

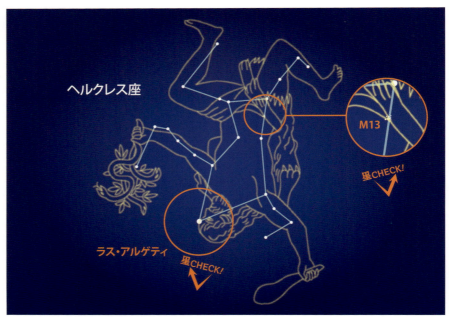

ヘルクレス座は、3等星と4等星が主体なので見つけにくいかもしれませんが、うしかい座、かんむり座、こと座の真ん中あたりにあります。初夏の夜中には天頂付近に人の形の姿を見ることができます

星は地味だけど、星座は大きいヘルクレス

ギリシャ神話随一の英雄といわれるヘルクレスをかたどる星座は、台形を2つ重ねて胴に見立て、さらに三角形を頭とし、それに手足を付けたような形をしています。右手で勇ましくこん棒を振り上げ、左手に持っているのは…星座図では花束のようにも見えますが、なんと切り取ったヒドラの首とのこと。ヘルクレス座は、3〜4等星ばかりで明るい星はなく、見つけにくい星座ではありますが、意外にも全天で5番目の大きさがあります。

夏の星座　ヘルクレス座

ラス・アルゲティ
α星のラス・アルゲティは頭のてっぺんにある3等星です。口径6センチほどの望遠鏡で見ると、二重星であることが確認できます。

星CHECK!

M13
ヘルクレスの腰のあたりにあり、北半球で最も明るく華やかな球状星団。50万個もの年老いた星が集まっています。夏を代表する天体のひとつです。

星座のウソ？ホント？

生涯ヘラの呪いに苦しめられ、非業の最期を迎えるヘルクレス。その活躍を惜しんだゼウスにより星座となりましたが、ヘラの呪いはその後も続いていました。ヘルクレスを憎むヘラによってヘルクレスは逆さまになったともいわれています。ヘラ恐るべし。

ヘルクレスを探せ！
うしかい座は、右手にこん棒、左手に猟犬。オリオン座は、右手に毛皮、左手にこん棒。ヘルクレス座は、右手にこん棒、左手にヘビ！

ギリシャ神話の中でも最も有名な英雄！

大 神ゼウスとミケーネの王女アルクメネの間に生まれたヘルクレス。ゼウスの不倫に嫉妬した妃ヘラは、赤ちゃんのヘルクレスに呪いをかけ、毒蛇を送りましたが、怪力のヘルクレスは蛇を握り殺してしまいました。ヘルクレスが大人になってからもヘラの呪いは続き、ついには誤ってヘルクレスは人を殺してしまいます。その罪をつぐなうため、生涯12の冒険に出かけ、困難を克服。その功績から、ゼウスによって星座になったといわれています。

まだあるよ！夏の星座

ヘビ、トカゲ、サソリ、リュウ!? など夏は爬虫類がウジャウジャ！

夏は天の川が美しくて、流星群も多いので天体観察にはぴったりの季節です。華やかなはくちょう座やわし座に隠れがちですが、生物に関する星座がとっても多いというか、どう猛な爬虫類がたくさんいます！怪物のいるか座なんてかわいい方だと思うぐらい。

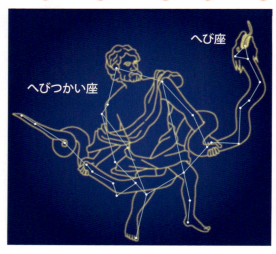

夏の夜、ヘルクレス座と頭突きしているのが「へびつかい座」です。それに絡まるように描かれているのが「へび座」で、へびつかい座にさえぎられる形で頭と尾が東西に分かれていますが、ひとつの星座と見たほうがいいかもしれません。神話は諸説ありますが、蛇を退治した巨人サンガリウスという説や、蛇の毒の治療に優れた神医アスクレピウス、トリプトレムスの竜退治をした王ゲーテであるともいわれます。しかし、どうしてふたつに分かれているかというと、トレミーは48星座を決めるとき、それぞれ独立させてしまったらしいのです。

へび座の下には「たて座」、わし座の近くに「や座」、わし座とはくちょう座の間には「こぎつね座」があります。いて座の近くには「みなみのかんむり座」というのもあります。

さらに、夏の終わり頃になると、ペガスス座の足下に小さな「とかげ座」が現れます。1690年にポーランドの天文学者ヘヴェリウスが新設し、いもり座にしようかと考えていたといわれています。どっちも似たような形ですから、ヘヴェリウスの気持ちはわからなくもないですよね。

第3章
秋の星座

秋の星座の見つけ方

第3章 秋の星座

秋を代表するカシオペヤ座は古代エチオピア国の王妃。夫であり国王がケフェウス座、その娘がアンドロメダ座。さらに娘の夫がペルセウス座です。これらは「エチオピア王家物語」の主要キャスト。ロマンスもアクションも盛り込まれていて見応えあり！

秋の夜長は星空観察が楽しい星座が目白押し

W字を描くカシオペヤ座を見つけましょう。さらに南を見ると大きな四辺形があります。これが「秋の四辺形」です。春・夏・冬は三角形ですが、秋は四角形を中心に星を探しましょう。この四辺形の南には秋の唯一の1等星フォーマルハウトやみずがめ座、西にはやぎ座、四辺形を囲むようにうお座が見えます。秋の空には明るい星は見あたりませんが、ひとつのギリシャ神話でつながる壮大な神話絵巻になっているので、神話とともに星座を楽しみましょう。

読書の秋もいいけど、星座の秋もオススメだよ

本書で紹介している秋の星座リスト	
ペガスス座……42p	ペルセウス座…50p
カシオペヤ座……44p	くじら座………52p
ケフェウス座……46p	ほうおう座……54p
アンドロメダ座…48p	みなみのうお座‥54p

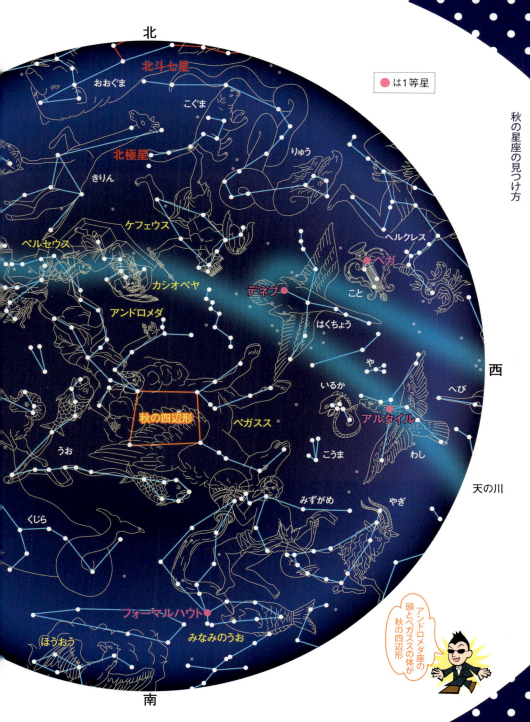

秋を代表する星座「秋の四辺形」が天馬の体
ペガスス座

> なんで前半身だけなのか不思議ですねぇ

| 学名 | Pegasus（ペガスス） | 見ごろ | 秋の宵の空 | 見つけやすさ | ★★★ | カッコよさ | ★★★ |

ペガスス座は天馬ペガススの前半身をかたどった星座で、秋を代表する星座のひとつです。秋の星座探しで目印になる「秋の四辺形」がペガスス座の前半身になります。

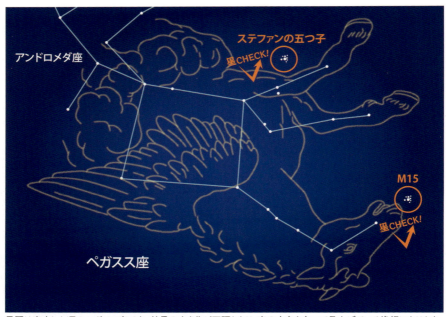

星図は南中した頃のペガスス座です。前足のすぐ北が天頂となり、南の方角を向いて見上げている格好になります。秋は明るい星が少ないので、一度見つけられれば、次からはすぐに探し出すことができるでしょう

秋の星座ナビゲーターといえる存在

ペガスス座は、秋の夜、頭上高く4個の星が星空を真四角に仕切るように並んでいます。この四辺形がペガスス座の胴体で、日本では「枡形星」などと呼ぶ地方もあるそうです。その枡形の大きな四辺形の中に、星はないように見えますが、よく見ると淡い星があることに気づくはずです。秋の夜長は、じっくりと星を観察してみると、いままで見えなかったものも見えてくるかもしれません。ちなみにペガスス座の下半身は雲にかくれているとされています。

秋の星座　ペガスス座

M15
ペガススの鼻先あたりにある球状星団。銀河系内の約3万光年にあり、望遠鏡でのぞくと、細かな星が雲のように集まっているのがわかります。

星CHECK!

ステファンの五つ子
18世紀フランスの天文学者ステファンが発見した銀河群。地球から2億8000万光年先で、4つの銀河が衝突してガス雲を発生していると考えられています。

星座のウソ？ホント？

ペガススから落ちたベレロフォンは、このときには死なずに命だけは助かったそうです。視力も足も失い、放浪の果てに亡くなったとか、エチオピア王になったとか諸説あります。いずれにしてもペガススあってのベレロフォンの活躍だったんですね。

星のお兄さんの星ネタトークショー

星座解説時の秋はちょっと好きかも

世の星座解説者はあれだけ「○○の三角形」などと三角形を重視するのに、秋だけは四角形（四辺形）ってどういうことなんでしょ。三角形は何とでもつくれるし、2つの三角形から四角形がなっているとも考えられる訳です。だから、四季を通じて三角形を押し通せばいいのにねーと思います。秋は1等星が少ないから仕方なく四角形にしたのかもしれません。でも、そんな逃げ腰な秋が好きです(笑)。

天馬ペガススはメデューサから誕生!?

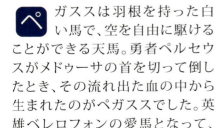

　ペガススは羽根を持った白い馬で、空を自由に駆けることができる天馬。勇者ペルセウスがメデューサの首を切って倒したとき、その流れ出た血の中から生まれたのがペガススでした。英雄ベレロフォンの愛馬となって、数々の冒険を助けます。次第に慢心したベレロフォンは神の仲間入りをしようと、ペガススに乗って天へ昇ろうとします。ところが途中でベレロフォンは振り落とされてしまい、ペガススだけが星座になりました。

古代はカシオペヤ座が星空の時計だった
カシオペヤ座

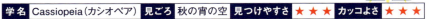

| 学名 | Cassiopeia（カシオペア） | 見ごろ | 秋の宵の空 | 見つけやすさ | ★★★ | カッコよさ | ★★★ |

北の空で、5つの星がアルファベットのWの形に並んでいるのがカシオペヤ座です。北極星の周りを回り、日本のほとんどの地域で一年中沈むことなく見えています。

第3章　秋の星座

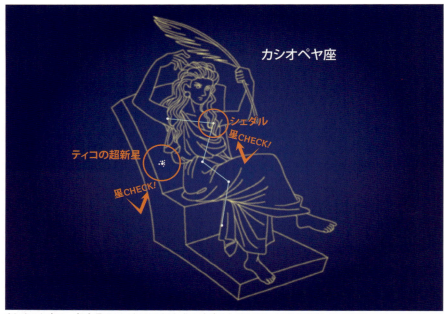

カシオペヤ座は一年中見ることができますが、北の空高く上がるのは、10月の深夜、11月の夜、12月の宵になります。5個の2、3等星がWの形に並んでおり、周りには明るい星がないので比較的見つけやすい星座です

北極星を見つける案内役としても有名な星座

カシオペヤ座は北の空で明るい5つの星がW字形に並び、ひときわ目立つ形をしています。北極星を見つけるための目印としても有名で、Wの下のくぼみの延長線が交わるところから、Wの中央を通って5倍延ばすと北極星にたどり着きます。わかりやすいW形は世界各地で親しまれており、アラビアでは「らくだのこぶ」、日本では「いかり星」と呼ばれていました。また、1日1回、反時計回りに回るように見えることから、古代では時計の役割を果たしていたそうです。

秋の星座　カシオペヤ座

シェダル
カシオペヤ座のα星シェダルは、赤っぽい色をした2等星。「むね」という意味で、星座絵ではカシオペヤ王妃の胸に当たる場所で輝いています。

ティコの超新星
カシオペヤ座に現れた、肉眼では見えず、NASAとHubble望遠鏡により観測されている8つの超新星のうちのひとつ。SN1572とも呼ばれています。これは大爆発を起こして消えた星の残骸です。

参照:http://www.ssc.slp.or.jp/star/174.html
©NASA and The Hubble Heritage Team(STScIAURA)・Hubble Space WFPC2・STScl-PRC00-25

星座のウソ？ホント？
カシオペヤ座は北半球の大部分の地域では水平線より下に沈みません。これは海の神ポセイドンが、海の下に降りてカシオペヤ王妃の休息を許していないから。そのため、カシオペヤ座は常に天空を巡り続けているそうです。

星のお兄さんの星ネタトークショー

王妃カシオペヤはやかましい!?

カシオペヤ座は、ギリシャ神話ではエチオピアの王妃カシオペヤといわれています。自分の娘であるアンドロメダ姫を褒めちぎって、ヒンシュクをかうわけです。海の神ポセイドンを怒らせるぐらいですから相当なものです。星座を見れば、その自慢しまくる姿は想像できますよ。なぜなら、如何にもうるさそうな星の並びです。V＋V＝W形ですから、常にブイブイしていてやかましい（笑）。ってブイブイって死語かい？？

我が子がかわいくても、自慢するのはホドホドに

エチオピア王妃カシオペヤは、娘のアンドロメダ姫の美しさを自慢して、海の神ポセイドンを怒らせてしまいます。怪物ケートス（くじら座）に国を荒らさせるほど激怒したポセイドンを鎮めるため、アンドロメダ姫を生け贄に捧げます。王国を危機に陥れた王妃カシオペヤは、罰としてイスに縛りつけられたままの姿で星座になり、天を回っているそうです。ちなみにアンドロメダ姫は勇者ペルセウスが助け出します。高慢ちきに自慢する人は神様にも嫌われるんですね。

紀元前1500年頃には既にあった古い星座
ケフェウス座

国の平和を願って娘アンドロメダ姫を生け贄にするって！涙

| 学名 | Cepheus（ケフェウス） | 見ごろ | 秋の宵の空 | 見つけやすさ | ★★☆ | カッコよさ | ★★★ |

はくちょう座の十文字から続く天の川の北の端に接しており、淡い星による五角形がケフェウス座です。子どもが描くとんがり屋根の家みたいな形をしています。

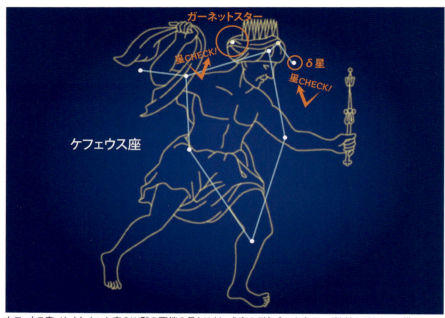

ケフェウス座 は、カシオペヤ座のW型の両端の星とはくちょう座のデネブ、こと座のベガを結んだあたりに横たわっています。北極星に近いので、日本の本州以北では一年中沈みませんが、見ごろは秋になります

とんがり屋根の家のような五角形が目印！

北 天で輝くケフェウス座は、3等星が3つの他には暗い星ばかりで構成されていますが、特徴的な五角形をしており、カシオペヤ座と並んでいるので比較的見つけやすい星座です。意外にもこの五角形を王の姿に見立てた地域はほかにもあり、中国では「5人の皇帝の秘密の玉座」、アラビア諸国では「きらめく人」と呼ばれていたとか。日本の四国地方では「備前の箕」だったとか。田畑が広がる中で農耕を主としてきた日本ならではの発想といえるでしょう。

秋の星座　ケフェウス座

ガーネットスター
太陽の直径の約1500倍もある巨大な星で、重さは太陽の20〜25倍と推測される超巨星。周りには散光星雲（IC1396）が見えます。

星CHECK！

δ星
ケフェウス座の肩上あたりにある二重星。5.366日周期で明るさが変わる変光星です。望遠鏡をのぞくと、色と明るさの対比がよくわかります。

星座のウソ？ホント？
コルキス王国にあるという黄金の羊の毛皮を手に入れるため、英雄イアソンたちとアルゴ船に乗り込んだ50人の勇者のひとりとか。勇者といわれるケフェウス王ですが、王妃カシオペヤの慢心ぶりから察するに、王妃の方が強かったかもしれません。

星のお兄さんの 星ネタトークショー

ケフェウス王は恐妻家だよな…たぶん

ケフェウス座は明るい星がないうえに、神話でも影が薄い印象ですよね。ギリシャ神話はいろんな説があるものの、ケフェウス王の場合は、どれを見てもカシオペヤ王妃とアンドロメダ姫に押されて存在感が薄い。なんだか中年オヤジの悲哀を感じずにはいられませんね。唯一の救いは、五角形の星の並びはわかりやすいこと。ケフェウス座はカシオペヤ座と仲良く並んでいるので、王妃の尻に敷かれつつも仲良しなのかもしれません。

嫁と娘の華やかさに負けて肩身の狭い王様

ケフェウスは古代エチオピア王で、妻はカシオペヤ、娘はアンドロメダという華々しい一家。王妃カシオペヤの自惚れがアダとなり、エチオピア王国は水害に見舞われます。海の神ポセイドンの怒りを静めるため、娘アンドロメダを生け贄に差し出しますが、英雄ペルセウスがアンドロメダを救出。これによってエチオピア王国の水害やポセイドンの怒りがおさまったかはわかりませんが、その後アンドロメダはペルセウスと幸せに暮らしたそうです。

生け贄にされた美しいお姫様の星座
アンドロメダ座

> やっぱり美人はなにかとおトクなのかも

第3章 秋の星座

学名 Andromeda（アンドロメダ）　**見ごろ** 秋の宵の空　**見つけやすさ** ★★☆　**カッコよさ** ★★★

アンドロメダ座は面積の大きな星座で、秋から初冬にかけて天頂を通ります。2～3等星以下の暗い星ばかりですが、アンドロメダ大銀河という有名な天体が輝いています。

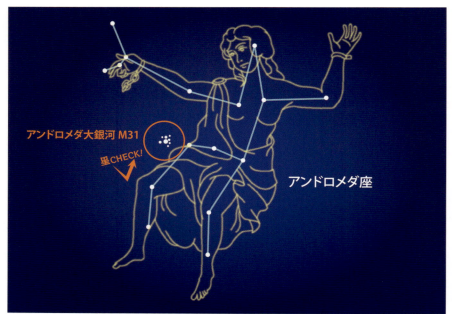

アンドロメダ大銀河 M31
星CHECK!
アンドロメダ座

アンドロメダ座は、ペガスス座の大四辺形を目安にすると見つけやすい星座です。その大四辺形の、左上よりの星から北東へV字形に星を連ねているのが、アンドロメダ座になります。秋から冬にかけて探してみましょう

アルファベットのAとVどっちに見える？

まず秋の夜空の天頂付近に2等星と3等星が作る四辺形を見つけましょう。秋は明るい星が少ないので探しやすいはずです。その四辺形はペガスス座の一部ですが、その東端の2等星を頭に2列にペルセウス座の方へ伸びていくのが、アンドロメダ座です。そして有名な「アンドロメダ大銀河」は、細長い三角形をしたアンドロメダ座の腰のあたりにあります。この星座はアルファベットのAにもVにも見えますが、アンドロメダなのでAと覚えておくといいかもしれません。

秋の星座　アンドロメダ座

アンドロメダ大銀河M31

アンドロメダ姫の腰のあたりにある「大銀河M31」。小さいながらも肉眼でぼんやりと見ることができます。天の川銀河が属する局部銀河群で最大の渦巻銀河。230万年光年という、わたしたちの天の川銀河系から最も近くにある別の銀河で、1兆個もの星を含んでいるそうです。

星CHECK!

星座のウソ？ホント？

カシオペヤ王妃いわく、アンドロメダ姫の美しさは「ネレイドたちも足元にも及ばない」と。ネレイドは海の神ポセイドンにつかえる妖精で、相当な美貌自慢でした。カシオペヤの言葉に憤慨してポセイドンに泣きつき、水害をもたらしたそうです。

星のお兄さんの　星ネタトークショー

アンドロメダ姫はイケメン好きじゃない!?

ギリシャ神話でアンドロメダ姫は、怪物ケートス（くじら座）に襲われたところをペルセウスに助けられます。で、結婚するわけですが、いろんな星座図を見てもペルセウスはイケメンには描かれていないのです。英雄という印象ではなく、オッサンという感じ。アンドロメダ姫は吊り橋効果でドキドキしてペルセウスに恋をしたのでしょうか。もしかすると「助けずにこのまま死なせて」って言ったんじゃないかと想像してしまいます(笑)。

美貌がアダになって国に災害をもたらす!?

アンドロメダ姫の話は、紀元前7世紀まで起源をたどれる有名な物語です。父はエチオピア王国のケフェウス、母はカシオペヤで、母親の慢心から生け贄にされることになり、英雄ペルセウスに助けられます。その後ペルセウスとアンドロメダは結婚し、エチオピア王国には繁栄が訪れたということです。アンドロメダはたくさんの子どもに恵まれ、ひとりを王国の跡取りとして残して、遠い国でペルセウスとともに末永く幸せに暮らしたそうです。

2 重星団、食変光星、流星群と盛りだくさん！
ペルセウス座

> ペルセウスがつかんでいるのはメドゥーサの生首

| 学名 | Perseus（ペルセウス） | 見ごろ | 秋の宵の空 | 見つけやすさ | ★★☆ | カッコよさ | ★★★ |

ペルセウス座は秋の終わりに、頭上の夜空に高くかかる星座。8月頃にはこの星座の方向から数多くの流星が出現する「ペルセウス座流星群」でも有名です。

第3章　秋の星座

ペルセウス座は、カシオペア座と、ぎょしゃ座の間で「人」の字のような形をしています。ペルセウス座とカシオペア座との境界には2重星団（散開星団）があり、低倍率の望遠鏡でも確認できます

星座の見ごろは秋だけど、流星群は夏！

ペルセウスはギリシャ神話で活躍する英雄。その華々しい活躍を示しているかのように、2重星団やカリフォルニア星雲、そしてペルセウス座流星群など、さまざまな星がきらめいています。しぶんぎ座流星群、ふたご座流星群と並んで、年間3大流星群のひとつであるペルセウス座流星群は、毎年7月20日頃から8月20日頃にかけて出現し、8月13日前後に極大を迎えます。条件がよければ市街地でも流星を見ることができます。

秋の星座　ペルセウス座

アルゴル
ペルセウス座のメドゥーサの額部分にあります。アルゴルはアラビア語で「悪魔の星」という意味で、2日と20時間59分の周期で2.1等から3.4等まで明るさを変えます。これは2つの星がお互いの周りを回り、日食のように互いに隠したり隠されたりする食変光星なのです。

星座のウソ？ホント？

ペルセウスは、美しいアンドロメダ姫の危機に遭遇し、なんとケフェウス王に「あの娘を助けるから、結婚させてほしい」と約束を取り付けてから助けたとか。ウソかホントかわかりませんが、ペルセウスがアンドロメダに一目惚れしたのは確かでしょう。

星のお兄さんの星ネタトークショー

星座よりも流星群が有名！

ペルセウス座って、なかなか不思議な星座だと思います。2重星団やカリフォルニア星雲、明るさが変わるアルゴルなど、いろんな注目すべき星が、ひとつの星座にある。にもかかわらず、イマイチ有名じゃない。毎年お盆の頃（8月11〜13日）になると、ペルセウス座流星群で盛り上がるんですが、終わった瞬間から次の年の8月まで忘れられてしまいます。悲しき英雄。有名なのか、そうじゃないのか？今はケータイゲームで有名みたいですがね！（笑）

英雄ペルセウスも大神ゼウスの子だった

ギリシャにあるアルゴスの国王は、娘ダナエの子によって殺されると神託を受けます。驚いた王は塔に娘を閉じ込めますが、大神ゼウスに見初められペルセウスを出産。川に捨てられるも無事に成長したペルセウスは、島の王の命令で怪物メデューサを退治し、ペガススに乗って帰国します。その途中で出会ったのが、怪物ケートス（くじら座）に襲われているアンドロメダ姫でした。その後、ペルセウスはアンドロメダ姫を連れて、ティリュンスという田舎の王となりました。

ク ジラには見えない想像上の怪物
くじら座

| 学名 | Cetus（ケートス） | 見ごろ | 晩秋の宵の空 | 見つけやすさ | ★★☆ | カッコよさ | ★★★ |

くじら座は、全天で4番目に大きな星座です。秋の大四辺形の東側にある星をつないで、南にのばすとシッポの2等星（デネブ・カイトス）に当たります。

第3章 秋の星座

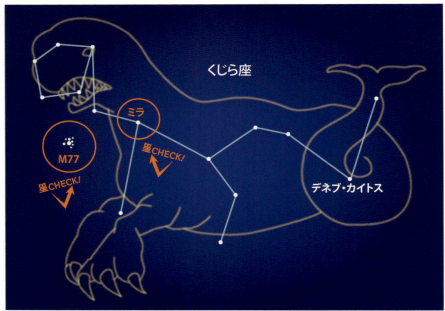

秋の夜、手の生えたお化けクジラの姿を描いたのがくじら座です。大きなわりに明るい星が少ないのでわかりにくいですが、シッポの近くにある2等星（デネブ・カイトス）を目印に探してみましょう

天文ファンに大人気！ ツウ好みのくじら座

晩 秋から初冬にかけての宵、南の空を覆っている大きな星座がくじら座です。1等星はなく、2～3等星ばかりの暗い星座ですが、変光星ミラという天文学上珍しい恒星があることから、天文ファンや天文学者の間では有名な星座です。このくじら、海にいるほ乳類のクジラではなく、ギリシャ神話に出てくる怪物ケートスのこと。古星図では前足に爪があり、口には鋭い牙もあります。同じ海獣である、いるか座よりも不気味な印象ですね。

秋の星座　くじら座

M77
セイファート銀河とも呼ばれる特殊な渦巻銀河です。この中心には巨大なブラックホールがあるといわれています。

星CHECK!

ミラ
くじら座の心臓あたりに輝く変光星の「ミラ」。2等星から10等星まで332日の周期で脈を打つように大きく明るさを変える長周期変光星です。

星座のウソ？ホント？
くじら座は古くからあり、トレミーの48星座のひとつ。紀元前3000年頃のシュメール時代、このくじら座は海の女神ティアマトとして崇められていたそうですが、ギリシャ神話では怪物になってしまいました。

星のお兄さんの 星ネタトークショー

怪獣座にすればいいのに

怪物ケートスが、くじら座といわれています。だけど、クジラとは似ても似つかず。どうして、クジラになったんでしょうね。紀元前のクジラは、こんな姿だったんでしょうかね。謎です。手があるのはジュゴンみたいだし、大きな牙があるのはセイウチのようでもあります。どんな生き物とも違うなら、「怪獣座」でいいのに！「うらめしやー」みたいな手をしているから「幽霊座」でもいいかも！（笑）

巨大な岩にされてしまう、怪物ケートスの受難

くじら座の怪物ケートスは、海の神ポセイドンの命令で、エチオピア王国を襲い、生け贄として差し出されたアンドロメダ姫を飲み込もうとします。するとメデューサを退治して、帰る途中だったペルセウスが通りかかって撃退。しかも、メデューサの首を見せられて、巨大な岩石に変えられるのです。ペルセウスにとっては敵かもしれませんが、怪物ケートスにしてみたらポセイドンの命令に従ったまでのこと。それを哀れに思ったのか、空にあげて星座になったそうです。

まだあるよ！秋の星座

星空はキレイだけど、秋は暗くて地味な星座ばかり

日本では秋の夜空といえば、中秋の名月です。星が霞んでしまうぐらい、美しく輝いていますよね。秋の星座が地味なのは、月を引き立たせるためなんじゃないかと思うぐらい。肉眼ではわかりにくい星座ばかりなのでプラネタリウムに見に来てくださいね！（笑）

ほうおう座

みなみのうお座

秋の夜空に、実はひとつだけ1等星があるのです。それは、南の空で輝く「みなみのうお座」にあるフォーマルハウト。といっても全天21個ある1等星の中では暗めなんですけどね。フォーマルハウトは、アラビア語で「魚の口」を意味するフム・アル・フートだといわれています。ボーテの古星図絵では、みずがめ座からこぼれ落ちる水を飲みこんでいる姿で描きだされており、神話も魚に関することなのですが、不思議なことにうお座と同じような内容なのです。

フォーマルハウトと水平線の間にあるのが、西洋ではフラミンゴ座と呼ばれる「つる座」、芸術の秋にふさわしい「ちょうこくしつ座」や三角定規の「さんかく座」、ペガスス座に寄り添う「こうま座」なんてのもあります。

日が沈むと南の地平線近くに見えてくるのが「ほうおう座」です。原名はフェニックスで、伝説上の不死鳥のこと。17世紀のはじめ、ドイツの天文学者バイエルによって設けられました。日本では、中国神話にもとづき、おめでたい鳥・鳳凰と呼ばれていますが、いまなら間違いなく「火の鳥」になるはず。

第4章 冬の星座

冬の星座の見つけ方

第4章 冬の星座

オリオン座のリゲル、おおいぬ座のシリウス、こいぬ座のプロキオン、ふたご座のポルックス、ぎょしゃ座のカペラ、おうし座のアルデバランを結ぶと巨大な六角形「冬のダイヤモンド」ができます。冬の寒さを我慢して、宝石のような星空を堪能して！

冬は1等星のオンパレードで空がにぎやか！

冬の代表というよりも星座88個すべての代表といえるオリオン座があります。ひとつの星座に赤いベテルギウス、青白いリゲルという1等星が2つあり、ベルト部分の三つ星もとても目立ちます。ベテルギウス、おおいぬ座のシリウス、こいぬ座のプロキオンの3つの1等星を結んでできるのが「冬の大三角」です。星座のほかにもオリオン座の「オリオン大星雲」、おうし座の「M45 プレアデス星団（すばる）」や「ヒアデス星団」など、冬の夜空は見所満載です。

冬の星座探しはオリオンを見つけることが大事

本書で紹介している冬の星座リスト	
オリオン座……58p	
おおいぬ座……60p	はと座…………66p
こいぬ座………60p	きりん座………68p
ぎょしゃ座……62p	とも座…………70p
エリダヌス座……64p	りゅうこつ座……70p
いっかくじゅう座…66p	らしんばん座……70p
うさぎ座………66p	ちょうこくぐ座……72p

北

天の川

●は1等星

冬の星座の見つけ方

りゅう
こぐま
ケフェウス
北極星
おおぐま
きりん
カシオペヤ
アンドロメダ
やまねこ
カペラ
冬のダイヤモンド
ペルセウス
ペガスス
ポルックス
ふたご ぎょしゃ
おうし
うお
こいぬ
アルデバラン
おひつじ
オリオン
プロキオン
ベテルギウス
くじら
冬の大三角
おおいぬ
リゲル
シリウス
エリダヌス
うさぎ
はと

西

りゅうこつ ちょうこくぐ
カノープス

南

華やかな星座ばかりで、圧倒されちゃいますねぇ

第4章 冬の星座

有名すぎる星座といえば、これでしょ！

オリオン座

星座の中でも美形中の美形！オリオン座は星座界のイケメンだ

| 学名 | Orion（オリオン） | 見ごろ | 冬の宵の空 | 見つけやすさ | ★★★ | カッコよさ | ★★★ |

星座の中で最も星列が美しく、明るい星もあり、人気も知名度もダントツなのが、このオリオン座。冬の夜、南の空で輝いているので、探してみましょう！

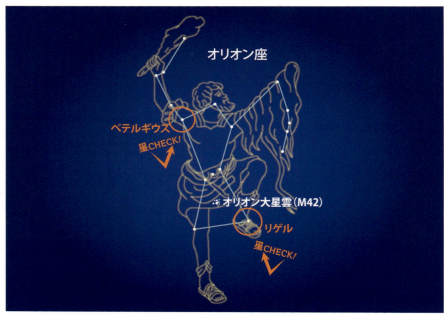

オリオン座のベルト部分に輝く3つの星を中心に、1等星2個と2等星2個の四角形からなる星座です。明るく形のまとまりも良く、全天で最も華麗な星座で、オリオン大星雲や馬頭星雲をはじめ、散開星団も多く含みます

全星座88個のすべての代表といえる星座

オリオン大星雲や馬頭星雲をはじめ、散開星団も含むオリオン座。とくに散光星雲「オリオン大星雲（M42）」は、星の誕生現場として現代天文学でもっとも注目されています。オリオン座は、バビロニアではメロディク王、フェニキアでは強き者、スカンディナビアでは巨人オルワンデルの姿などに見立てられていました。日本では浦島太郎伝説の亀姫（乙姫）の姿、源平合戦のリゲルを「源氏星」、ベテルギウスを「平家星」とよんでいる地方もあります。

冬の星座　オリオン座

リゲル
白い1等星リゲル。距離800光年のところにある表面温度1万度を超える若い高温星です。その大きさは太陽の約70倍あり、明るさは4万倍もあります。

星CHECK!

ベテルギウス
赤い1等星ベテルギウス。太陽の500倍以上ある赤色超巨星です。5年半くらいの周期で大きさを変え、明るさも0.0等から1.3等まで変わります。

星座のウソ？ホント？

太陽の神アポロンは、妹である月の女神アルテミスとオリオンの恋仲を快く思っていませんでした。あるときアルテミスをそそのかし、オリオンを射抜かせます。その一部始終を見ていた大神ゼウスは、アルテミスを不憫に思ってオリオンを星座にしたそうです。

玉ねぎ座!! それはオニオン（汗）

まず冬の代表といえば、コレ。冬というよりも星座88個のすべての代表といっても過言ではない「オリオン座」。ひとつの星座の中に、1等星が2つあり、大星雲や散開星団もあり、さらに月の女神アルテミスとの悲恋など、いろいろ有名です。さて、このオリオン座、春の「うしかい座」と非常に似ています。実はこの2人は兄弟なんですね。どうりで星座も似るわけです。というわけで、いろんな魅力と話題が凝縮されているオリオン座は、玉ねぎのようにむけばむくほど（知れば知るほど）素晴らしい発見があるのです。

恋人に殺される悲劇の狩人オリオン

オリオンは海の神ポセイドンの息子で、腕のよい狩人として知られていました。オリオンは月の女神アルテミスと恋人でしたが、暁の女神オーロラにも恋をしてしまいます。嫉妬に狂ったアルテミスは自らオリオンを弓で射て殺してしまいました。またある説では、アルテミスがオリオンの目を射て盲目にしてしまったともいわれており、オリオン座の頭の星が暗いのは、彼の失われた視力を物語っているとか。このほかサソリに刺し殺される説等もあります。

ギリシャ神話では狩人オリオンの猟犬
おおいぬ座、こいぬ座

冬の空を駆け回る犬の姿を想像するとほっこりしますね

| ❶ おおいぬ座学名 | Canis Major（カニス・マヨール） | ❷ こいぬ座学名 | Canis Minor（カニス・ミノール） |

見ごろ　冬の宵の空　見つけやすさ ★★★　カッコよさ ★★★

全天の星は約7000個あるといわれています。その中で最も明るい星が、おおいぬ座の「シリウス」です。こいぬ座の「プロキオン」は犬の先駆けという意味で、シリウスが出る前に現れます。

第4章　冬の星座

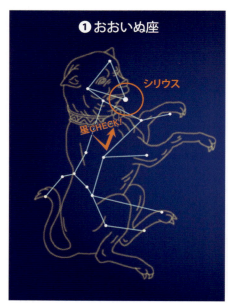

❶ おおいぬ座　シリウス　星CHECK!

❷ こいぬ座　プロキオン　星CHECK!

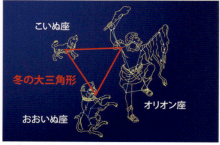

こいぬ座　冬の大三角形　オリオン座　おおいぬ座

オリオン座のベルトの3つ星を左へ延ばしていくと、おおいぬ座のシリウスにたどり着きます。おおいぬ座の「シリウス」、こいぬ座の「プロキオン」、そしてオリオン座の「ベテルギウス」によるのが冬の大三角です

❶ うさぎを追いまわす猟犬がおおいぬ座

おおいぬ座の鼻先で輝くのがシリウスです。古代エジプトでは、夜明け前にシリウスが現れると、ナイル川が氾濫することから、神として信仰していました。古くからシリウスは「犬の星」といわれていたそうで、ギリシャ神話でも同様に犬とされています。ただ、おおいぬ座に関するギリシャ神話は諸説あり、狩人オリオンの猟犬で、うさぎを追っている姿だといわれます。また別の説では、獲物を逃がしたことのない猟犬ライラプスだといわれています。

シリウス
全天イチ明るい星が、おおいぬ座の1等星（-1.5等星）。太陽から6番目に近い恒星で、太陽の14倍の明るさをもった青白い星です。

プロキオン
こいぬ座の1等星。地球からの距離は約11光年と比較的近く、シリウスより小さく暗い。小さな白色矮星の伴星を連れています。

星座のウソ？ホント？

「獲物を逃がさない犬」ライラプスは、「捕まらない狐」を退治するため町に放たれます。捕まらない狐を、獲物を逃さない犬が追いかけ続け、勝負がつかないことから、大神ゼウスがライラプスを星座にしました。おおいぬ座のギリシャ神話は諸説あります。

冬の星座　おおいぬ座、こいぬ座

♡を「焼き焦がすもの」

おおいぬ座は、星座というよりはシリウスが有名ですね。全天で1番明るい星というだけでもロマンティックなのに、ギリシャ語の「セイリオス」を語源とする「焼き焦がすもの」という意味があります。そのせいか、シリウスはいろんな曲の歌詞にも出てきます。当然、僕のオリジナル曲にも使わせていただきました。ファーストシングル「君のドラマティック」のカップリング曲「夏の星座・冬の星座～シリウスのように～」です。愛する人を一番輝くシリウスに例えるって素敵やん（笑）。CDはもう販売していません。

❷亡くなった主人を待ち続ける犬がこいぬ座

紀 元前1200年頃にはすでに、「海の犬座」という名前で知られていました。ギリシャ神話では、狩りの名手アクタイオンの愛犬メランポスがこいぬ座といわれています。アクタイオンは猟犬たちを従え、狩りの途中で道に迷い、月の女神アルテミスとニンフたちの水浴びを見てしまいます。腹を立てたアルテミスは、アクタイオンに呪いをかけて鹿にし、猟犬たちに襲われてしまいます。メランポスは帰らぬ主人を待ち続け…忠犬ハチ公のようですね。

御者なのに膝の上には馬じゃなくてヤギ
ぎょしゃ座

カペラは「メスの子やぎ」という意味らしいので膝にいるのはメス

| 学名 | Auriga（アウリガ） | 見ごろ | 冬の宵の空 | 見つけやすさ | ★★★ | カッコよさ | ★★★ |

ぎょしゃ座の一等星「カペラ」は、冬の星座の中ではシリウスに次いで明るい星です。カペラを中心とした五角形がよく目立つ星座なので、冬の星座ウオッチングに最適です。

第4章 冬の星座

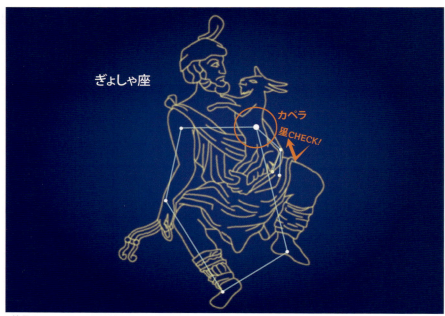

1等星カペラのほかにも、2等星がひとつ、3等星が4つと明るい星が多いので見つけやすい星座です。冬の天の川の中にあり、たくさんの星団星雲が存在しているので望遠鏡で観察すると楽しみも増えます

きれいな五角形と小さな三角形の星列が目印

カペラを中心にした五角形と小さな三角形でつくられるぎょしゃ座。古代ギリシャ時代からある星座で、トレミーの48星座にも加えられています。ぎょしゃ座の五角形の中はなにもないように見えますが、望遠鏡で見ると3つの散開星団（M36、M37、M38）を確認できます。星座絵では、山羊を担いだ老人、または手に鞭を持った御者の姿として描かれています。ちなみに小さな三角形は、「小山羊（The Kids）」とも呼ばれています。

カペラ

ぎょしゃ座のカペラは、全天で6番目に明るい1等星です。その距離は43光年。太陽と同じ黄色に輝き、質量は太陽の2.5倍もあります。また、太陽よりも巨大な2つの星が回り合っている連星でもあります。

参照:http://www.nayoro-star.jp/kitasubaru/star/photo/star/s-capella.html
©なよろ市立天文台　Photo:中島克仁

星座のウソ？ホント？

ゼウスの兄弟は、生後すぐに父クロノスに飲み込まれましたが、母レアの機転でゼウスだけは難を逃れ、クロノスの目を避け洞窟で育てらました。赤ん坊のゼウスに乳を与えたのが、この雌の山羊だったのだとか。…でも、このおじいさんは誰なのかは不明です。

冬の星座　ぎょしゃ座

よしよし、ヤギさん、かわいいの―

ぎょしゃ座は古くからあり、トレミーの48星座のひとつですが、その成り立ちには諸説あります。紀元前2000年のバビロニア時代には、子ヤギを抱いた老人、または御者といわれていたそうです。神話では鍛冶の神の子、エリクトニウス王の姿とされています。どうやらバビロニアの星座図とギリシャ神話が、ごちゃまぜになってしまったみたいですね。どう見ても御者にも王様にも見えません。僕にはヤギを可愛がるムツゴロウさんとしか見えませんわ(笑)。

ぎょしゃ座は、馬車を発明した王様の姿!?

ギリシャ神話ではエニオクソスがモデルといわれており、ローマ神話では鍛冶の神の子エリクトニウスとして描かれています。エリクトニウスは、生まれたときから足が不自由でしたが、成人してから馬車の戦車を発明して戦場を駆け回り、後にアテネの王となりました。その功績を大神ゼウスに認められて、ぎょしゃ座になったといわれています。また、馬車の名手で純潔の象徴ヒュッポリトスという説もあります。いずれにしてもヤギとは関係なさそうです。

川のように星がウネウネと続く伝説の大河
エリダヌス座

この星列は、古くから大河に見立てられていたらしいよ

| 学名 | Eridanus（エリダヌス） | 見ごろ | 春の宵の空 | 見つけやすさ | ★★☆ | カッコよさ | ★☆☆ |

第4章 冬の星座

全天で6番目に大きい星座が、エリダヌス座。日本から見ると、その半分が地平線の下に隠れてしまいますが、九州南部より南では全形を確認できます。

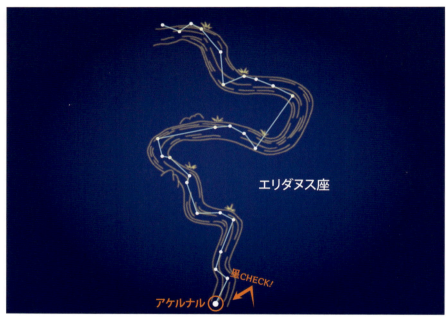

オリオン座の足下、1等星リゲルのそばから南西へ大きくうねりながら伸び、南天の大マゼラン星雲のそばまで達する長い星座です。1等星のアケルナルは日本の南西諸島あたりからなら見られます

日本ではマイナーだけどギリシャ周辺では有名

エリダヌス座はギリシャ時代以前からある古い星座で、トレミーの48星座のひとつです。オリオン座のリゲルの右隣にある星から始まり、観察環境がよいと点々と星が連なる大河に見えます。エジプトではナイル川、バビロニアではユーフラテス川、ローマではポー川と呼ばれるほど身近な存在でした。ただ、アケルナル以外に目立つ星はなく、全天で6番目に大きい星座が、エリダヌス座。日本から見ると、その半分が地平線の下に隠れてしまい、九州以北では見ることはできません。

アケルナル
エリダヌス座の1等星がアケルナルです。アラビア語で「川の果て」という意味をもつ青白く輝く巨星。その距離は140光年あり、表面温度は非常に高く、高速で自転しています。南半球では、南天の星座を探すときのガイド役として重宝されています。

星CHECK!

星座のウソ？ホント？

ファエトンの死を嘆いた妹たちの体は、エリダヌス川の岸辺でポプラの木になり、流した涙は川底に沈んで琥珀になったといわれています。ファエトンも妹たちも非業の死を遂げてしまい、なんとも切ないですね。

冬の星座　エリダヌス座

星のお兄さんの 星ネタトークショー

何度見ても「川」には見えない!?

夜空で輝く星をつないで星座にするのは、よくわかる。ふたご座やおうし座、オリオン座は、何となくそう見えますからね。だけど、このエリダヌス座は、どうして川にしちゃったんだろう。ウネウネ、クネクネしている姿は、うみへび座と変わらないというか、違いは何なんでしょう。星を長〜く繋いで、川の星座に見立てるなら、夜空は川だらけですね!!（笑）　もし僕が川の名前を星座にするなら、際川とか瀬田川でしょうかね。

親が神様だと信じてもらうためにしたことは!?

　太陽神アポロンの息子ファエトンは、父をとても尊敬していました。しかし、ファエトンの友人たちは、彼の父が太陽神だと信じてはくれません。友人たちを見返すため、父である太陽神アポロンから太陽の馬車を借り、天へ駆け上って行きました。ところが、途中で馬が暴走して、天地は炎に包まれてしまいます。これを見かねた大神ゼウスが雷を投げ、ファエトンは焼けこげて川に落ちてしまいました。このとき落ちた川がエリダヌス川だといわれています。

冬の星座に潜んでいる動物たち
いっかくじゅう座、うさぎ座、はと座

| ❶いっかくじゅう座学名 | Monoceros（モノケロス） | ❷うさぎ座学名 | Lepus（レプス） | ❸はと座学名 | Columba（コルンバ） |

見ごろ 冬の宵の空　見つけやすさ ★☆☆　カッコよさ ★★☆

「冬の大三角」を目印に探すと、3つの動物たちがいるのを見つけられます。まるで澄んだ冬の空で遊んでいるような動物たちを探してみましょう。

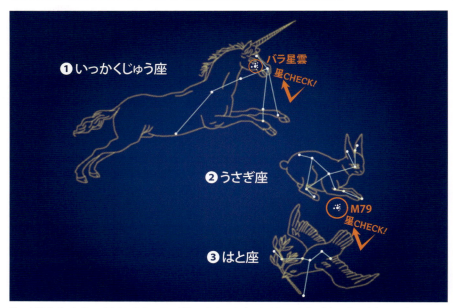

こいぬ座のプロキオン、オリオン座のベテルギウス、おおいぬ座のシリウスからなる「冬の大三角」。その中にちょうどすっぽり納まっているのが、いっかくじゅう座です。前足の下にうさぎ座、そのまた下にはと座があります

❶ 古代では実在すると信じられていたユニコーン

一角獣（ユニコーン）は、馬に似た姿をしており、額に細長く先の尖った1本の角があります。想像上の生き物で、その角には病気を治す力があるとされており、古代ギリシャ・ローマの世界では東の国に実在すると信じられていました。この星座を設定したのは、17世紀のドイツの天文学者ヘヴェリウスといわれています。一番明るい星でも4等星と暗いので全形をつかむのは難しいかもしれませんが、冬の大三角の中にいるので、目を凝らして探してみましょう。

バラ星雲
いっかくじゅう座の頭部にある散開星団と散光星団による星雲（NGC 2244）。宇宙に咲いた薔薇のように見えることから、バラ星雲と呼ばれています。

星CHECK!

M79
うさぎ座の足下あたりにあり、冬の星空の中では唯一の球状星団です。10センチ程の望遠鏡だと星が分離している様子を確認できます。

星座のウソ? ホント?

はと座は、実はギリシャ神話に出てくるアルゴ船から飛び立った鳩という説もあります。アルゴ船がボスポラス海峡で船を挟んで砕く岩に遭遇したとき、乗組員は鳩を放ちました。岩が鳩を挟もうとしたとき船を通過させ、無事切り抜けたということです。

❷ 狩人オリオンに追われる獲物が、うさぎ座

うさぎ座はギリシャ時代からあり、トレミーの48星座のひとつ。古くからあるにもかかわらず、起源ははっきりわかりません。紀元前3世紀のギリシャの詩人アラトスが、星座詩の中で登場させていたといわれています。狩人であるオリオン座の足下を逃げ回り、おおいぬ座とこいぬ座の猟犬たちに追われるうさぎのようですが、当のオリオンは大物のおうし座ばかり見て、足下の獲物には気づいていない感じがします。星座も人も足下は注意しないといけませんね。

❸ 旧約聖書にあるノアの箱船に出てくるのがはと座

はと座は3等星が多く、南の地平線近くにあるので、日本で見るのは難しい星座です。17世紀にドイツの天文学者ヨハン・バイエルがもとはおおいぬ座の一部分だったものを独立させ、後にフランスの天文学者ロワイエが星図に採用したことで広まりました。旧約聖書の中の、ノアの箱船の話に出てくる鳩を表したものだといわれています。神の怒りにより引き起こされた大洪水の後、オリーブをくわえて戻ってきたのが鳩。星図にもオリーブをくわえている様子が描かれています。

デカイ動物だけど星空では目立たないヤツ
きりん座

星座図を見ると中国の神話に出てくる麒麟じゃないのがわかるよね

| 学名 | Camelopardalis（カメロパルダリス） | 見ごろ | 冬の宵の空 | 見つけやすさ | ★★☆ | カッコよさ | ★☆☆ |

北極星の近くにあるので、一年中全体または一部が見られる星座です。17世紀初頭につくられた比較的新しい星座で、あまりメジャーではありません。

第4章 冬の星座

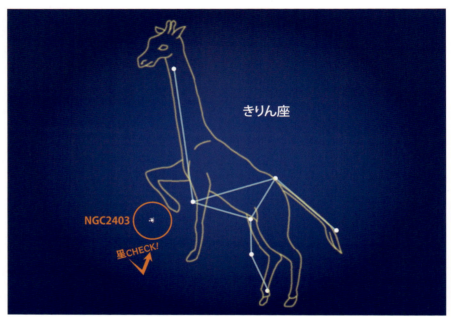

きりん座は、こぐま座とぎょしゃ座の間に横たわる星座です。広い範囲に4等星以下の星がパラパラと散らばっているので、夜空で星を結んでキリンの姿を想像するのは、なかなか難しいかもしれません

北極星の近くでひっそりと佇むキリン

きりん座は、北天でひっそりと輝いている星座で、北極星の近くにあるので一年中見ることはできますが、南北に細長い星座なので、時期によっては一部しか見えません。秋から冬にかけては全体を確認することはできます。ただ、星座の面積は広く大きな星座なのですが、4等星以下の暗い星から構成されているので、都会の夜空では全く見ることはできないでしょう。メジャーではないきりん座を知っていると、かなりの星座ツウだと思われること間違いなしです。

NGC2403
きりん座の首の付け根辺りにある大型の銀河。2つの銀河が相互作用しているので、引っ張り合っているかのようなイビツな形をした渦巻銀河です。条件がよければ口径10センチ程度の天体望遠鏡でもその姿を確認できます。

星座のウソ？ホント？

神話は関係しませんが、聖書に由来しているという説もあります。聖職者であったプランシウスは、旧約聖書でアブラハムの息子イサクのところに未来の妻を運んできたラクダ（創世記25章）の姿を描いたといわれています。

冬の星座　きりん座

首をなが―――くして待っている？

このキリン、よっぽど長い間、何かを期待して待ち続けているのでしょうね。首を長くして待つにも程があります！（笑）いまでこそキリンは、よく知られていますが、星座が制定された当時は珍獣として注目されていたのではないでしょうか。ちなみに本当のキリンは草食動物ですが、いざというときはライオンをも蹴り殺すパワーを持っているらしいです。しし座ヤバイ！ おおぐま座もこぐま座もピーンチ!!

神話を由来としない新しい星座

きりん座は、17世紀初頭に、オランダの天文学者で聖職者のプランシウスによって設定されたものといわれています。その後、ドイツの数学者で天文学社でもあるバルチウスの著書によって知られるようになりました。た だ、当初は「らくだ座」だったとか。ラテン語のラクダ（Camelus）とキリン（Camelopardalis）が似ていたため混同されたそうです。ヘヴェリウスの星図では首の長いキリンが描かれており、以降きりん座となりました。

第4章 冬の星座

もともとはひとつの巨大な船だった星座たち
とも座、りゅうこつ座、らしんばん座

この星座を見るなら、九州以南かプラネタリウムに行くしかない！

❶とも座学名 Puppis（プッピス） ❷りゅうこつ座学名 Carina（カリーナ） ❸らしんばん座学名 Pyxis（ピュクシス）

見ごろ 冬の宵の空　見つけやすさ ★☆☆　カッコよさ ★☆☆

とも座、りゅうこつ座、らしんばん座は、かつてあった巨大な「アルゴ座」でした。北半球では高度が低いので、その全形を確かめることはできません。

冬の2月から3月頃、おおいぬ座が南中する頃、目立つ星はありませんが、とも座が現れます。そして、南の低い位置で輝く1等星カノープスが、りゅうこつ座の目印です

❶❷❸南の地平線に現れる巨大な船のパーツ

もともとは「アルゴ座」と呼ばれる巨大な船を象った星座でした。しかし、18世紀に南天に数々の新設星座を発表したフランスの天文学者ラカイユが、大きすぎるという理由で、とも（船尾）座・りゅうこつ（竜骨）座・ほ（帆）座・らしんばん（羅針盤）座の4つに分割。1928年に88星座が制定されたたとき、この4星座が含まれたことから「アルゴ座」は消滅しました。また、日本からは船全体の形は見ることはできません。

M46とM47

とも座にある二重星団。M46は細かい星が、M47は明るい星が散在しています。小口の望遠鏡でそのコントラストを確認できます。

M46

M47

星CHECK!

カノープス

りゅうこつ座の一番下にあり、全天で2番目に明るい1等星。おおいぬ座のシリウスが南の空高くで輝くようになると、地平線近くに現れます。

星座のウソ？ホント？

中国ではカノープスは、南の地平線近くに現れる赤い星として知られていました。見えたり見えないときもあり、縁起の良い赤い色であることから、この星を見ることは縁起がよいとされ、天下泰平・国家安泰の証だと慶ばれたということです。「南極老人星」や「寿星」と呼ばれており、一目見ると寿命がのびるという話もあります。

冬の星座　とも座、りゅうこつ座、らしんばん座

星のお兄さんの 星ネタトークショー

大きい船の方がカッコイイのに！

とも座・りゅうこつ座・ほ座・らしんばん座によるアルゴ座。おおいぬ座からケンタウルス座にかけて、美しい天の川の上に浮かぶ大きなアルゴ座の姿は、それはそれは見事なものです。だけど「大きすぎる」ということで、ラカイユが分解してしまいました。なんでバラバラにしちゃったかなー。大きくて困ることあるのか？　星座はそれぞれ由来する神話があってこそおもしろいのにね。残念。結局まとめて紹介されるんだから、そろそろひとつに統合しませんか？

❶❷❸ 50人もの英雄たちを乗せた伝説の巨大船

叔　父に国を奪われたイオルコスの王子イアソンは、国を取り戻すため、遠いコルキス王国のアイエテス王が持つという金色の羊の皮を取りに行くことになりました。イアソンは巨船アルゴ号を建設し、ヘルクレスをはじめ、こと座のオルフェウス、かんむり座のテセウス、ふたご座のポルックスとカストルなど50人の勇者を乗せて出発。途中、船を砕く岩を通り抜けるなど幾多の困難を乗り越えて、金色の羊の皮を手に入れ、無事に国を取り戻すのでした。

まだあるよ！冬の星座

冬は星空観察のベストシーズン！小さな星座も見逃さないで

> 冬の大三角といい、冬のダイヤモンドといい、オリオン座あっての星列なので、冬はオリオン座の独壇場。ほかの星座といえば18世紀にラカイユが設定した南天星座になるのですが、そろそろ新しい星座ができてもいいんじゃないかと思います。星兄の星座とか見たくないですか？

がか座

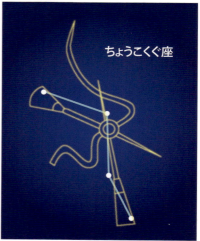

ちょうこくぐ座

華やかな冬の星座におされて、なかなか紹介されないのが「ちょうこくぐ座」「がか座」「ろ座」です。いずれも18世紀のフランスの天文学者ラカイユが設定した14の南天星座で、南の地平線近くにあるので、日本では南に行くか、プラネタリウムでしか星座を確認できません。

「ちょうこくぐ（彫刻具）座」は、はと座とエリダヌス座の間にあります。彫刻刀とノミが交差する1組の道具が描かれている星座です。またその近くには、画家の使う木の架台イーゼルと絵の具を溶くパレットを描き出した「がか（画架）座」があります。実は「ちょうこくしつ（彫刻室）座」なんてのもあるんです。ラカイユはフランス人らしく芸術的なものを星座にしたかったのでしょうかね。

また「ろ座」は、化学実験用の炉をかたどっています。彼の星座図によると、火が燃えるレンガ作りの炉にガラスの実験器具を載せている絵が描かれています。ラカイユが生きていた時代は、最先端の科学技術だったのかもしれませんが、今となっては星座ならではのロマンもなくて少々残念な感じですね。

第5章
12星座のエピソード

地味だけど重要で存在感のある星座
おひつじ座

（この羊毛でセーター編んだらゴージャスだよね！）

| 学名 | Aries（アリエス） | 見ごろ | 秋の宵の空 | 見つけやすさ | ★★☆ | カッコよさ | ★★★ |

おひつじ座は、黄道12星座の第1番目に位置する星座です。明るい星が少なくて目立ちませんが、おひつじ座生まれの方は秋から冬に探してみましょう。

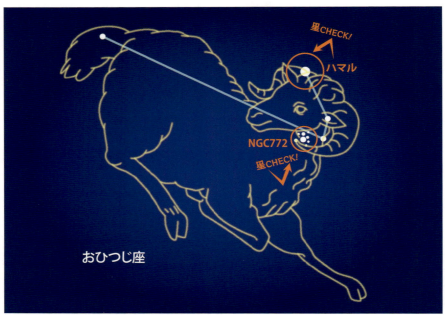

アンドロメダ座の南にあるさんかく座の下で、同じように輝く小さな三角形がおひつじ座です。その胴体の形はわかりにくいのですが、プレアデス星団の間に横たわっているとイメージしながら星空を眺めましょう

クリスマスの20時頃に南中するおひつじ座

星座占いの最初に登場する、おひつじ座。秋の星座なのに、春生まれの人に該当する星座なのは不思議ですよね。実は、星占いが確立された2000年以上前、昼と夜の長さを等しく分ける春分点にあったのがおひつじ座でした。地球の軌道との位置関係から、春の初めに黄道上の太陽のちょうど反対側にくるのです。そのため、おひつじ座は黄道第1番目の重要な星座として注目されていたのです。ちなみに、現在の春分点は、うお座の近くにあります。

ハマル
おひつじ座の頭で赤く輝く2等星「ハマル」。アラビア語で「羊の頭」という意味があります。地球の軌道との位置関係より、古代から重要な星と捉えられていました。

星CHECK!

NGC772
おひつじ座の首あたりにある渦巻銀河。ぼんやりとした楕円形をしており、光の雲のようにも見えます。

星座のウソ? ホント?

金色の羊に助けられた兄は、コルキスの王アイエテスに金毛の羊を献上します。アイエテスは貴重な羊毛に、眠らぬ竜を番人につけますが、やがてイオルコスの王子イアソンをはじめアルゴ船に乗った勇者たちが金毛の羊をとりにくるという物語へと発展していきます。

12星座のエピソード　おひつじ座

星のお兄さんの 星ネタトークショー

星兄神話〈その1〉

おひつじ座は、魚が大好き。うお座の近くから離れないし、くじら座の頭あたりに居座ります。目の上のたんこぶではなく、頭の上の羊ですから、くじらは相当鬱陶しいそうです。なかなか移動してくれないので、くじらは「君は誰なんだ!!」と問いかけます。すると、おひつじ座は「あなた様のひつじ（執事）でございます」と答えたとか（笑）。星兄神話その2があるまで楽しみにお待ちください。って、あるのか!?

フツーの羊じゃなく黄金の毛皮の羊だった!?

ギリシャ神話によると、おひつじ座は、巨人族に襲われた大神ゼウスが変身した姿といわれています。また別の神話では、継母に殺されそうになった兄妹を救うために、ゼウスが息子ヘルメスに命じて空飛ぶ金色の羊を遣わせます。兄妹はその羊に乗って、海峡を越えていきます。途中、妹は空から落ちて死んでしまいますが、兄は無事に黒海の岸コルキスにたどり着きました。金色の羊は、その功績が認められ、ゼウスによって星座に加えられました。

上半身だけの雄々しく美しい牡牛
おうし座

第5章　12星座のエピソード

| 学名 | Taurus（タウルス） | 見ごろ | 冬の宵の空 | 見つけやすさ | ★★★ | カッコよさ | ★★★ |

おうし座は冬を代表する星座のひとつ。赤く輝く星アルデバランを含むヒアデス星団とプレアデス星団という巨大な散開星団もあり、冬の夜空を美しく彩ります。

今度は白い牡牛か！やるなゼウス！化けられないものあるんか？

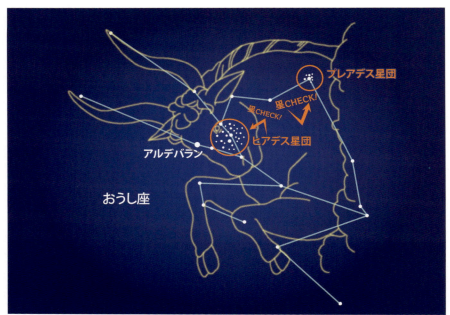

赤い1等星アルデバランを先頭に、いくつかの星がV字型になっているのがおうしの顔。現在は上半身だけになっていますが、紀元前3000年ごろは下半身もあり、背中にコブのある牛だったそうです

日本では"昴"でおなじみの星団を含むおうし座

現在、うお座にある春分点は、2000年前にはおひつじ座にあり、4000年前にはおうし座にありました。古代では牛が崇拝されていたこともあって、重要な星座とされていました。ヒアデス星団とプレアデス星団という巨大な散開星団を含むことで有名な星座です。さらに特徴的なのが、赤味の強いオレンジ色に輝く1等星アルデバラン。太陽の40〜50倍の大きさをもつ巨星です。おうし座の目の辺りにあることから「ブルズ・アイ」と呼ばれることもあります。

プレアデス星団

おうし座の肩先で、ホタルの群れのように輝く散開星団。日本では昴（すばる）として知られています。視力のいい人なら肉眼で6〜7個の星が見えるでしょう。

星CHECK!

ヒアデス星団

1等星アルデバランの近くにある散開星団。V字形のまばらな星の集まりで、釣鐘に似ていることから日本では「つりがね星」とも呼ばれています。

星座のウソ？ホント？

ギリシャ神話では「プレアデス星団」は、プレアデス七姉妹の姿とされていますが、星は6個しか見えないため、1人は迷子か行方不明といわれています。視力の違いで見える星の数が違うことから、さまざまな言い伝えがあるそうです。

12星座のエピソード　おうし座

星のお兄さんの 星ネタ トークショー

"昴"は何個見えますか？

おうし座の中で、ぼぁ〜っと光る星の集まりが見えます。これが有名なプレアデス星団で、日本では"昴"と呼ばれています。星座解説を始めた頃は、おうしの背中に輝くプレアデス星団"昴"を肉眼で良く数えたものです。でも、最近はメガネなしで数えるのは難しくなってきました。涙！　年齢を重ねると仕方ないことだとは思うのですが…。これが、まさに♪　さらば昴よ〜♪　というところでしょうか。

おうし座は大神ゼウスが化けた牛！

フェニキア国のエウロパ姫は、とても美しい娘でした。大神ゼウスは、一目でエウロパに心を奪われてしまい、下界に降りて真っ白な牛に変身しました。ゼウスは野原で花を摘んでいたエウロパに近づき、彼女を背中に乗せると大地を駆け抜けました。やがてギリシャの沖にあるクレタ島にたどり着き、ゼウスとエウロパは結ばれました。今、クレタ島以北をヨーロッパと呼ぶのは、その地にはじめてやってきた人間である、エウロパにちなんで名付けられたそうです。

古今東西、対にされている仲良しの2つ星
ふたご座

微妙に明るさが違うのは、個性の違いなのかもしれないね

| 学名 | Gemini（ジェミニ） | 見ごろ | 冬の宵の空 | 見つけやすさ | ★★★ | カッコよさ | ★★★ |

ふたご座は、冬の代表的な星座のひとつで、秋から春まで高い空で輝いています。毎年12月に見られる「ふたご座流星群」もあることで有名です。

第5章 12星座のエピソード

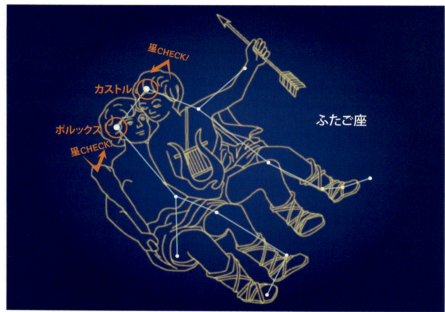

冬の大三角の北、こいぬ座の上で同じくらいの明るさで2つ並んでいる星が、ふたご座の2等星カストルと1等星ポルックスです。毎年12月14日頃、放射線状にたくさんの流星が現れる「ふたご座流星群」もよく知られています

流星群と散開星団をもつ、にぎやかなふたご座

ふたご座のカストルとポルックスは、世界各地で対の星と見られており、日本では眼鏡星、金星と銀星、兄弟星などと呼ばれています。ふたごの兄カストルの足元付近には、双眼鏡でも見えるほど大きな散開星団のM35があります。また、1月の「りゅう座流星群」、8月の「ペルセウス流星群」、そして12月の「ふたご座流星群」は3大流星群。「ふたご座流星群」は毎年12月14日ごろ活発になり、流星の出現数はピーク時だと100個ぐらいあるといわれています。

12星座のエピソード　ふたご座

カストル
ふたご座の右側、兄にあたる2等星。めずらしい6重連星。ふたご座流星群は、カストル付近を中心に星が流れます。

星CHECK!

ポルックス
ふたご座の左側、弟にあたる1等星。太陽の8倍以上の大きさがあり、その明るさは太陽の32倍といわれています。

星座のウソ？ホント？
ふたご座は古い星座で、トレミーの48星座のひとつで、黄道十二星座のひとつ。紀元前1400年頃の古代バビロニア時代には、知恵の神ナブーと最高神マルドゥクの姿とされていました。またローマ時代には船乗りたちの守り神と考えられていました。

星のお兄さんの 星ネタトークショー

ふたご座生まれなのです！

人はやはり自分の生まれ星座が好きなもので、私も例にもれず、ふたご座が一番好きです。星の並びは美しいし、流星群や散開星団があり、1930年にはふたご座δ星の近くで冥王星が発見されるなど話題も魅力も豊富。いやースてキな星座ですね。でも、明るさが違う2つの星を兄弟ではなく、双子にしてしまうところが先人はスゴいです！（笑）　しかも、いくら不死身とはいえ弟の星の方が明るいって…兄弟ゲンカのもとになるじゃないですか！

永遠に離れない、仲のよい双子の兄弟

双子の兄弟カストルとポルックスは、白鳥に化けた大神ゼウスとスパルタ王妃レダとの間に生まれました。兄のカストルは騎馬戦に優れ、弟のポルックスは闘拳が得意で不死身で、その武名は広く知られていました。ところが、ある戦いで兄カストルは死んでしまいます。弟ポルックスは深く悲しみ、ゼウスに「不死身のわたしを殺してください」と願いました。そこでゼウスは、ふたりを一緒に空にあげて星座にしたということです。

春を告げるオシャレなお化けカニ
かに座

| 学名 | Cancer（カンケール） | 見ごろ | 春の宵の空 | 見つけやすさ | ★★☆ | カッコよさ | ★★☆ |

かに座は、春の代表的な星座のひとつ。3等星以下の星列なので地味な印象ですが、あわく輝くプレセペ星団を目印に、春の夜空で探してみましょう。

第5章　12星座のエピソード

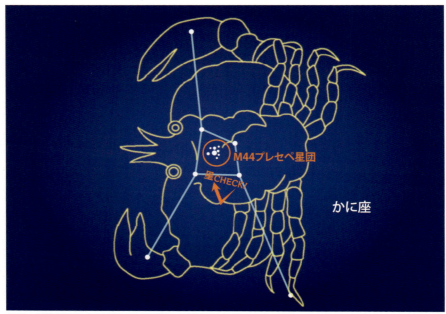

星占いの順番通り、ふたご座としし座の間に位置するかに座。しし座の鼻先にある小さな台形が、かにの甲羅に見立てられており、四方に足が伸びています。甲羅の中央あたりにあるのがプレセペ星団です

有名だけど地味過ぎて見つけにくいかに座

かに座は、星占いに使う黄道12星座として知られていますが、明るい星がないので、最も目立たない星座でもあります。とはいえ、春の星座として真っ先に見えはじめ、日本では3月の夜9時頃に頭の真上近くで輝きます。また、M44（プレセペ星団）やM67という散開星団があり、のどかな景色が広がる場所なら双眼鏡でも確認できます。ちなみに、古代ギリシャのプラトンの弟子たちは、プレセペ星団を霊魂が行き来する出入口と考えていたそうです。

12星座のエピソード　かに座

星CHECK!

M44プレセペ星団
かに座の中央あたりにある散開星団。肉眼でもぼんやり確認できますが、なんと約200個もの星が直径16光年ほどの領域に集まっているそうです。太陽や惑星の通り道である黄道上にあるため、しばしば惑星が通り過ぎることもあります。

星座のウソ？ホント？

プレセペ星団は「飼い葉桶」とも呼ばれ、餌を食べる2匹のロバの伝説があります。ロバはオリンポスの神々が巨神族と闘った際に鳴き声で敵を驚かせたとか、ゼウスの神殿へ向かうディオニュソスをロバが背に乗せて沼を渡り、その功績で天にあげられたといいます。

星のお兄さんの 星ネタトークショー

実は友情にアツイんじゃないの？

かに座のカニは、ヘルクレスに一撃でやられてしまう化けカニです。食べ物を分け与えてくれる友だちの怪物ヒドラを助けるために、自分は小さくて弱っちいのを知りながら、デカくて強いヘルクレスに挑むわけです。結果的に、一撃というか踏みつぶされて、あっさり散っていってしまうのですが、負け試合だとわかっていても友情のために加勢するカニってスゴイ。真の勇者かもしれません。カニの鑑です！

かには勇者ヘルクレスの荒行での刺客!?

　大神ゼウスと人間の女との間に生まれたヘルクレス。生前からゼウスの妃ヘラの呪いを受けて、多くの罪を犯していました。その罪をつぐなうために、ヘルクレスは12の荒行に挑みます。そのひとつがレルネの沼に住む9つの頭をもつヒドラ（水蛇）退治でした。ヘラは日頃ヒドラの世話になっている1匹のお化けガニを、ヒドラに加勢させましたが、あっさりヘルクレスに踏みつぶされてしまいます。その後ヘラが、このカニを星座にしたといわれています。

百獣の王にふさわしい堂々たる勇姿！
しし座

> 星列といい、しし座流星群といい、百獣の王だけあってカッコイイ！

| 学名 | Leo（レオ） | 見ごろ | 春の宵の空 | 見つけやすさ | ★★★ | カッコよさ | ★★★ |

しし座は、日本では春の宵に南の空を飾る、春の代表的な星座です。「？」マークを裏返した形に並んでいる星列を目印に探してみましょう。

第5章　12星座のエピソード

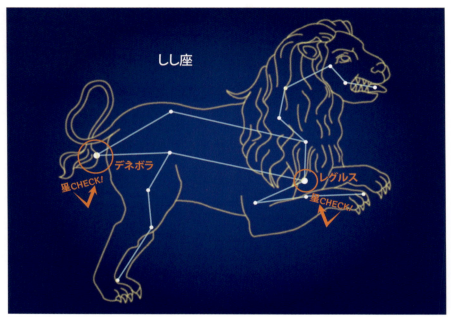

しし座　デネボラ　星CHECK!　レグルス　星CHECK!

南の空の高いところで輝くのは3〜5月の宵。「？」から星をたどるとライオンの勇姿が浮かび上がります。ししのシッポにあるデネボラは、うしかい座のアルクトゥルス、おとめ座のスピカとともに、「春の大三角」をつくっています

春の空を駆け巡る獅子の姿が勇ましい！

黄道12星座のひとつで、紀元前4000年頃のシュメール時代には、すでに獅子の姿をした星座だと知られていたようです。獅子の心臓あたりにあるレグルスは古くから王様の運命をつかさどる「ロイヤルスター」として重要視されていました。また、毎年11月17日頃に見える「しし座流星群」は、獅子の「？」から流れ星が放射状に流れ出し、33年周期で太陽を周回しているので2034年の流星群は1時間に数千個もの流れ星が見られるかもしれません。

レグルス
「小さい王」という意味がある1等星。地動説を唱えたコペルニクスが命名したとか。地球からの距離は77光年で、直径は太陽の35倍あります。

デネボラ
ライオンのシッポにある2等星デネボラ。アラビア語の「獅子の尾」からきています。距離は40光年、表面温度は9,000度です。

星座のウソ？ホント？

しし座のライオンは不死身で、ヘルクレスが締め上げて失神したスキに皮を剥いだとか。不死身でも皮を剥がされたら生きられないんですね。ちなみに夏の星座ヘルクレス座が東の空に昇ると、しし座は西の空へと沈みます。まるでヘルクレスから逃げるみたいですよね。

12星座のエピソード しし座

星のお兄さんの星ネタトークショー

チャームポイントはたてがみの寝癖です（笑）

しし座の星の並びで特徴的なのは、何と言っても「？」マークを裏返しに逆さまの形。西洋で使われる草刈り鎌に似ていることから「ししの大鎌」とも呼ばれています。この「？」は、ちょうど頭の部分にあります。ということは、ししの頭は常に「？」なんでしょうかね。疑問があるのでしょうか？ もしかしたら「不死身なのに、なんでヘルクレスに負けたんだ？」と、ずーっと不思議に思っているのかもしれません。

ヘルクレスが退治するのに3日3晩かかった強者

大 神ゼウスの子で、妃ヘラの呪いを受けたヘルクレス。罪滅ぼしのために挑んだ12の荒行のひとつで、最初の冒険がこのライオンの退治でした。ネメアの森に住み、どう猛な人喰いライオンとして恐れられていました。ヘルクレスは勇敢に立ち向かいますが、弓矢も刀もこん棒でも敵いません。そこで、ヘルクレスはライオンを洞窟に閉じ込め、素手で組み付いて全力で締め付け、さらに獅子の皮を剥いで退治したということです。素手で勝つなんてヘルクレスは怪力ですね。

白い翼と稲穂をもつ大きな女神！
おとめ座

おとめ座は全天で2番目に大きな星座。巨大な女神です。強そうだな。

| 学名 | Virgo（ウィルゴー） | 見ごろ | 春の宵の空 | 見つけやすさ | ★★★ | カッコよさ | ★★★ |

おとめ座は春から初夏にかけての夜の早い時間帯、南の空の中央に大きく淡い姿で横たわっています。「春の大曲線」を描くことから春を代表する星座でもあります。

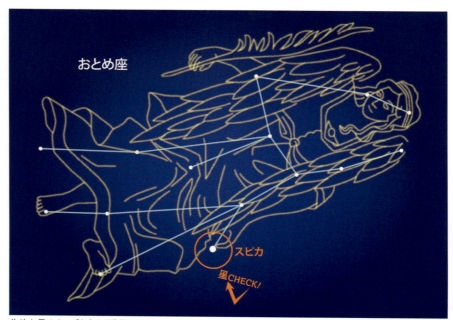

北斗七星のカーブを大きく延長して、うしかい座のアルクトゥルスを経て、おとめ座のスピカまでくると、大きなカーブが描けます。この優雅な曲線は「春の大曲線」とよばれています。おとめ座の左肩あたりには、おとめ座銀河団があります

スピカだけじゃない！ 銀河団や流星群もある

おとめ座はうみへび座に次いで全天で2番目に大きな星座です。広範囲に星が散らばっており、白色の1等星スピカ以外に、明るい星がないので、全体像はつかみにくいかもしれません。しかしながら要チェックの星座です。おとめ座とかみのけ座の中間にある「おとめ座銀河団」は5900万光年とわりと近い場所に約2500個もの銀河が集まっており、4月中旬の前後約1カ月間、1時間に1〜2個と数は少ないけど星が流れる「おとめ座流星群」もあります。

第5章 12星座のエピソード

12星座のエピソード　おとめ座

星CHECK!

スピカ
白色の1等星で、日本では「真珠星」とも呼ばれます。表面温度2万度と1万8000度の灼熱の高温星2つが、4日の間にぐるぐる回る近接連星で、互いに引きあう潮汐力なども加わって、平べったい形になっているとみられており、やがて赤色巨星になると考えられています。

星座のウソ？ホント？

ギリシャ神話では、農業の女神デーメーテールを描いた姿だと伝えられていますが、さまざまな神話があり、デーメーテールの娘で冥界の女王ペルセポネを描いた姿だとする説や、正義と天文の女神アストレアという説もあります。乙女だから人気者なんでしょうね。

星のお兄さんの星ネタトークショー

おとめ座はどうやって飛ぶのだろう？

おとめ座にあるスピカは「麦の穂先」という意味があるので、農業の女神デーメーテールなんじゃないかと推測していますが、足下のてんびんは、おとめ座の道具らしいので正義の女神アストレアかもしれません。さて、そんなおとめ座の星座図は、たいてい羽根が身体の前に描かれています。いつも「羽根、前に生えたら飛びにくいやん」と生解説でつっこんでいたら、あるプラネタリウム解説者が「後ろの羽根を前に巻き込んでいるんですよ」と教えてくれた。なるほど…だけど、どっちにしても飛びにくいやん！（笑）

農業の女神デーメーテールは気まぐれ屋さん？

女神デーメーテールは、大地から伸びる草木や花を支配していました。ところがある日、娘ペルセポネが冥土の王ハデスに連れさられます。デーメーテールは絶望して洞窟に立てこもり、地上に緑がなくなりました。見かねた大神ゼウスがペルセポネを帰すと、大地には緑がよみがえりました。しかし、ペルセポネは1年の数ヶ月を冥土の国に戻るため、その間はデーメーテールも閉じこもることから地上に冬が訪れるということです。ちなみにデーメーテールは気まぐれだから不作の年もあるとか。

天国か地獄か？善悪を裁く女神の天秤
てんびん座

春の星座か夏の星座か見解が分かれるので、天秤ではかりましょう！笑

| 学名 | Libra（リブラ） | 見ごろ | 初夏の宵の空 | 見つけやすさ | ★☆☆ | カッコよさ | ★☆☆ |

とても地味な印象のてんびん座。ところが近年、地球のような生命体がいるかもしれない「グリーゼ581」という恒星が発見され大注目されています。

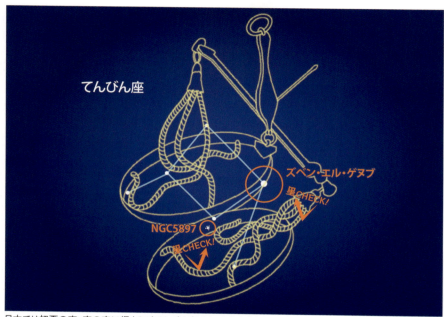

日本では初夏の夜、南の空に輝くのがてんびん座です。おとめ座とさそり座の間にあり、3つの3等星が「く」の字を裏返したような形で並んでいます。おとめ座の足下にあるので、スピカを手がかりに探すと見つけやすいでしょう

てんびん座として独立したのは紀元前1世紀頃

てんびん座は「く」を裏返した形とよくいわれますが、数学が得意なら不等式の「＞」といえばわかりやすいでしょう。この星座は、もともとさそり座の一部で、振りかざした爪の部分だったといわれています。紀元前2〜1世紀、秋分の日に太陽がこの星座を通過したことから、昼夜の長さが等しいことを象徴して、てんびん座ができたとか。ちなみに現在は、地球の自転軸の方向の変化によって、秋分の日に太陽がくるのはおとめ座です。

第5章　12星座のエピソード

ズベン・エル・ゲヌブ
てんびん座α星。その近くには5等級の星があり、視力のよい人なら肉眼でも2つ並んでいることが確認できます。

NGC5897
てんびん座α星の下にある球状星団。大型の星団ですが光は淡く、口径20センチ程の望遠鏡から見ると星々の姿がわかります。

星座のウソ？ホント？

てんびん座のギリシャ神話では、おとめ座は正義の女神アストレアということになります。しかし、てんびん座自体が、農業の女神デメテルと正義の女神アストレアを天秤にかけているかもしれないので、1000年後にはてんびん座の神話も変わるかも!?

星のお兄さんの 星ネタトークショー

大変混み合っております！

黄道12星座はほとんどが生き物の姿をしているため、この空域は別名「獣帯（じゅうたい）」とも呼ばれています。ところが、このてんびん座だけは、唯一道具を表す例外的な星座なんですね。人が死ぬとこの天秤ではかって善悪を知り、善人は天国へ悪人は地獄へ送るのだそうです。でも、天秤がひとつしかなかったら、はかるのに時間がかかってしまい死んだ人の列ができるほどの「大渋滞」になりますね！（笑）もしかしたらアストレアは仕事のデキル女神かもしれませんけど。

天秤は、正義の女神の愛用品だった！

大神ゼウスと女神テミスとの間に生まれた、正義の女神アストレア。死んだ人間の魂を天秤にかけ、善人は天国へ、悪人は地獄へ送ったそうです。また、人間が食べ物を奪い合わないように、天秤ではかって平等に分配したともいわれています。しかし、時代が変わり、人間が戦争をするようになると、アストレアはあきれ果ててしまい天上の世界に帰っておとめ座になりました。愛用していた天秤はてんびん座となったといわれています。

狩人オリオンを刺した真っ赤な大サソリ
さそり座

| 学名 | Scorpius（スコルピウス） | 見ごろ | 夏の宵の空 | 見つけやすさ | ★★★ | カッコよさ | ★★★ |

真夏の夜、南の空に見える赤い1等星アンタレスが目印です。アルファベットのS字のような鉤型の星列も特長的なので、見つけやすいでしょう。

古代から天狗になると鼻をへし折られるんだね、オリオンみたいに。

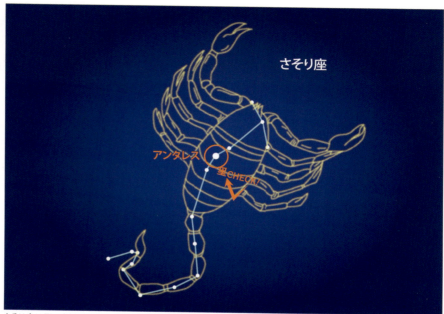

さそり座は天の川を南に下っていった先にあります。さそりの心臓部分に1等星アンタレスがあり、3等星よりも明るい星が12個もあるうえ、斜めに倒したようなS字カーブは形がよいので星座の中でも屈指の美しさ！

真っ赤なハートをもった巨大なサソリ

さそり座は、全天88星座の中でも、もっとも均整のとれた見つけやすい星座のひとつ。さそりの心臓部分にある1等星アンタレスは、火星の敵（アンチ・アレース）という意味からきています。火星が接近する夏の時期は、火星とアンタレスが競うように赤く輝いていることから名付けられました。さそり座のS字形は釣り針にも見えるため、瀬戸内海あたりでは「魚釣り星」とか「漁星」などと呼ばれています。ニュージーランドでも釣り針と見立てられているそうです。

アンタレス
赤色超巨星のアンタレスは、オリオン座のベテルギウスと同じぐらい赤く輝く1等星です。直径は太陽の約700倍もあり、500光年しか離れていません。星の終わりが近づいているので、超新星爆発を起こしたら地球にも影響があるといわれています。

星座のウソ？ホント？

さそり座が東の空に現れるとオリオン座の姿は見えず、さそり座が西に沈む秋の終わりにオリオン座は姿を現します。オリオンは星座になってからもさそり座が苦手で近づかないようにしているからとか。もし、近づくと争いを始めるともいわれています。

12星座のエピソード　さそり座

アンタだレス？

アンタレスはアンチ・アレースという言葉からできたらしいですが、日本語の言葉の響きだと、アンタレスは「これ私ですか？」「はい。あんたれす」という覚え方もあります（笑）。さらに、我々アラフィフ世代は美川憲一さんの「さそり座の女」という歌を思い出しますね。曲頭から「♪いいえ私は、さそり座の女〜♪」って始まるんですが、「いいえ」が果たしてどこからきたのか気になります。最初から否定するなんて。「ふたご座の男ですか？」とでも聞かれたのでしょうかね（笑）。

自惚れるオリオンを懲らしめた刺客

　腕のいい狩人オリオンは、調子に乗って自分のことを「天下無敵」と高言してしまいます。これを聞いた神々は怒り、大神ゼウスの妃ヘラはオリオンを懲らしめるために、1匹の大サソリを放って待ちぶせさせたのです。そこを通りかかったオリオンは、大サソリに足を刺され、あえなく息絶えてしまいました。その功績を認められたサソリは星座になったそうです。別の話では、アポロンの馬車を駆るファエトンの暴走を止めたともいわれています。

中国では「南斗六星」と呼ばれている！
いて座

北斗七星や南斗六星と聞くと、あの活劇マンガを思い出しますね

| 学名 | Sagittarius（サギッタリウス） | 見ごろ | 夏の宵の空 | 見つけやすさ | ★★☆ | カッコよさ | ★★★ |

夏、天の川で水浴びをしているような星座がいて座。約2万8000光年先に銀河系の中心があるため、たくさんの星雲や星団が含まれています。

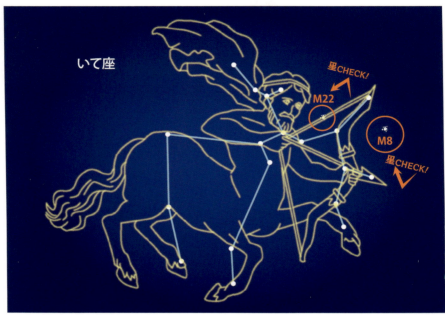

いて座は夏、南の地平線近くの天の川できらめいています。目立って明るい星はありませんが、北斗七星を小型にしたような柄杓型が特徴です。さまざまな星雲や星団が含まれているので、望遠鏡で観察してみるとおもしろいですよ

南の柄杓星である南斗六星が、いて座の目印

いて座の弓の弦から手にかけての部分が南斗六星になります。欧州ではミルクディッパー（ミルクのさじ）、隣の4星を加えてティーポットと呼ばれることもあります。いて座はたくさんの星がある天の川の中にあるうえ、2～3等星以下の暗い星からなっているので、サソリを狙って弓を引くケンタウルスを想像するのは難しいかもしれませんが、3つの散光星雲、4つの球状星団、7つの散開星団が含まれていますので、夏の夜空で探してみましょう。

M8
大型の散光星雲で竜巻のような干潟星雲。肉眼でもぼんやり見えます。同じいて座にあるオメガ星雲M17、三裂星雲M20も散光星雲です。

星CHECK!

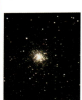

M22
いて座の後ろ足付け根あたりにある球状星団。このほかM21、M55、M75など6つの球状星団を含んでいます。

星座のウソ？ホント？

いて座のケイローンは、巨人タイタン族で一番強いクロノスと妖精の間に生まれました。ケイローンが半馬人になったのは、クロノスの正妻の復讐を恐れたとか、クロノスが馬の姿で母の妖精に会ったからと諸説あります。クロノスはゼウスの父なので、ケイローンとゼウスは兄弟なんですね。

12星座のエピソード いて座

星のお兄さんの 星ネタトークショー

いて座が矢で狙っているのは!?

いて座は猛毒をもつサソリを見張っているから、いつも弓を構えているのですが、星兄流プラネタリウムの解説ではちょっと違います。いて座の紹介では、サソリの心臓アンタレスを狙って放った矢が少し外れてしまい、ドームを1周回って自分のお尻に刺さり「イテッ!!」と言うのです。我ながら好きなネタで、いろいろな解説者の方もこのネタを使ってくれているようです。もしかしたら今の子どもたちが大きくなるころには、ホントの神話になっているかもしれませんね！（笑）

野蛮なケンタウルスの中で英知に長けた半馬人

上　半身が人間で、下半身が馬の半獣神ケンタウルスは、弓矢をもって野山をかけめぐる野蛮な種族として恐れられていました。ところが、ケイローンだけは気品にあふれ、医術、音楽、占術など英知に優れており、ギリシャの若い英雄たちに教育をほどこし尊敬を集めていました。あるとき、ヘルクレスが放った毒矢がケンタウルス族を貫き、ケイローンにも突き刺さって命を落としてしまいます。これを知った大神ゼウスが、ケイローンの死を惜しんで星座にしました。

やぎ座はヤギじゃなく魚だった!?
やぎ座

やぎの下半身は魚だなんて笑激ですよね!

| 学名 | Capricornus（カプリコルヌス） | 見ごろ | 秋の宵の空 | 見つけやすさ | ★☆☆ | カッコよさ | ★☆☆ |

秋の星座のトップバッターがやぎ座です。黄道12星座のひとつとして有名ですが、ほかの秋の星座同様に暗い星ばかりなので、ネオンが少ない郊外などで探してみましょう。

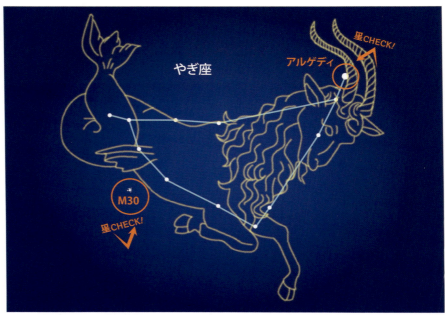

7月末の宵には東の空に見え始め、秋の到来を告げます。秋の夜空で唯一の1等星フォーマルハウトの右上にあり、古い星座らしく整った逆三角形をしています。地味な存在ですが、比較的面積の大きな星座です

秋の到来を知らせる逆三角形の星座

やぎ座はトレミーの48星座で、黄道12星座のひとつでもあり、古代メソポタミアで誕生した起源の古い星座です。シュメール語では、スクール（大きな鯉）とマシュ（牡ヤギ）を合わせてスクール・マシュと呼ばれていたので、当時から半ヤギ半魚だったのでしょう。2重星で4等星アルゲディから東に並ぶ暗い星を結んだ平たい逆三角形がこの星座の姿です。古代ギリシャでは人間の魂がこの門をくぐって天国へ行くと考え、「神々の門」と崇めていたそうです。

アルゲディ
やぎ座の頭にあり、肉眼でもわかる有名な二重星として知られています。この二重星の間隔は満月の5分の1も離れているそうです。

星CHECK!

M30
やぎ座の足というかシッポにある渦巻銀河。かなり淡い銀河なので、望遠鏡でもうっすらとした光の雲のようにしか見ることはできません。

星座のウソ？ホント？
やぎ座のパーンが星座になったのは、上半身ヤギで下半身魚という愉快な姿を記念したそうです。いくら陽気なパーンとはいえ笑いものにされて星座になったのが、よっぽど恥ずかしいようで、夜空で目立たないようにしているとか。

思わずギョ！っとしますね

やぎ座は上半身がヤギで、下半身が魚です。この「魚」と言う漢字に注目しますと、いろいろな読み方があります。「さかな」「うお」そしてもうひとつが「ぎょ！」です。ということは、やぎ座の下半身だけを注目すると、ある意味「ぎょ」座となります。あれ、ぎょーざ？　餃子？？　しかも、やぎ座の場合は頭がヤギなので「ヤギ餃子！」…「焼き餃子!!」となります。美味しそうな星座ができあがりました（笑）。

やぎ座は陽気でおっちょこちょいの神様

や　ぎ座は、森と羊と羊飼いの牧神パーンの姿だとされています。神々がナイル川の岸辺でにぎやかな宴をしていたので、パーンは大喜びで参加し、得意の笛を吹いて宴を盛上げました。すると怪物テュフォンが乱入して大暴れし、驚いた神々は動物に変身して逃げました。パーンも得意のヤギに変身しましたが、近くにあるナイル川を渡るため、急きょ魚になろうとしたところ、上半身はヤギのままでした。この姿を星座にしたのが、やぎ座といわれています。

みずがめ座

夜空の星にまぎれた美少年を探せ！

| 学名 | Aquarius（アクアリウス） | 見ごろ | 秋の宵の空 | 見つけやすさ | ★☆☆ | カッコよさ | ★☆☆ |

> 現代ならウェイター座とかホスト座になるのかな？

秋の夜、みずがめ座は南の空に大きく広がります。やぎ座の東隣にある小さなY字型の星並びが目印です。これを見つけられたら星座探しの上級者！

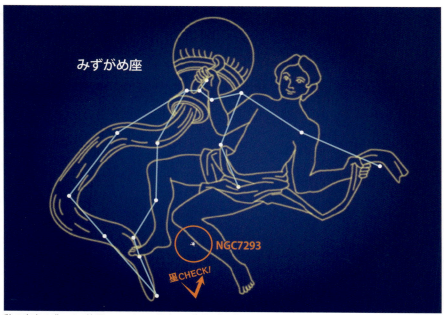

秋の夜空の唯一の1等星フォーマルハウトと、みずがめ座の瓶にあたるYの字を逆さまにしたような三ツ矢の部分を結びつければ、大まかな全体像はわかりやすくなるでしょう。大きな星座ですが、なかなか見つけにくい星座です

みずがめ座は幸せの名前を多く含んでいる

　みずがめ座は3〜4等星の暗めの星からできていますが、実は「幸せ」な名前がついた星がたくさんあります。Y字マークのひとつがアラビア語でサダクビア（秘められた幸せ）、みずがめ座の右肩にあるのはサダルメリク（王様の幸せ）、左肩のサダルスウド（最高の幸せ）など。メソポタミア時代、この星座が太陽の辺りに来る頃に雨期を迎えていました。特に目立たない星たちですが、古代の人々は恵みの雨をもたらすこの星々を大切にしていたのがわかりますね。

NGC7293
みずがめ座ガニメーデスの左足あたりにある惑星状星雲。リングが二重らせんのように見えるところから「らせん星雲」とも呼ばれています。惑星状星雲は、年老いた星が一生を終える時、表面からはがれたガスがゆっくり広がって形成されたもので、1万年もすると消えていきます。

星座のウソ？ホント？

みずがめ座の原名アクアリウスが「水をもつ男」とか「水を運ぶ男」を意味するので、この星座の原型はギリシャ時代のはるか昔につくられていたようです。古代エジプトでは、冬の洪水は、水がめの水がこぼされるために起こると考えられていたといいます。

12星座のエピソード　みずがめ座

星のお兄さんの星ネタトーク・ショー

水がめじゃなく酒がめでしょ？

みずがめ座は、ギリシャ神話によるとトロイアの王子ガニメーデスの姿だといわれており、水がめから流れているのは水ではなくて不老不死のお酒らしいです。みずがめ座ではなく、ガニメーデス座でいいんじゃないのかな…と思いませんか？　あえて持っている道具の方をわざわざ星座の名前にするのなら、水がめじゃなく酒がめがぴったり。それなら、オリオン座は「こん棒座」、おとめ座は「羽根ペン座」といったところでしょうか（笑）。

不老不死のお酒を注ぐ美少年ガニメーデス

トロイアの王子ガニメーデスは、誰もが見とれるほど美しい少年でした。神々のお酒のお酌をさせるものを探していた大神ゼウスの目にとまり、天上にあるオリンポスの国にさらわれました。ガニメーデスは天上で神々の給仕役を仰せつかり、年を取ることなく幸せに過ごしたそうです。しかし、彼の両親は息子がいなくなって嘆き悲しみました。さすがのゼウスも気の毒に思い、ガニメーデスを美しい星座にして両親の悲しみを癒せるようにしました。

現在の春分点に位置するリボンで結ばれた魚
うお座

> シッポをリボンで結ぶより、口にくわえた方が早く逃げられるよ！

| 学名 Pisces (ピスケス) | 見ごろ 秋の宵の空 | 見つけやすさ ★☆☆ | カッコよさ ★☆☆ |

黄道12星座のトリを飾るわりに地味なうお座。トレミーの48星座のひとつで、紀元前3000年ころのシュメール時代には誕生していたそうです。

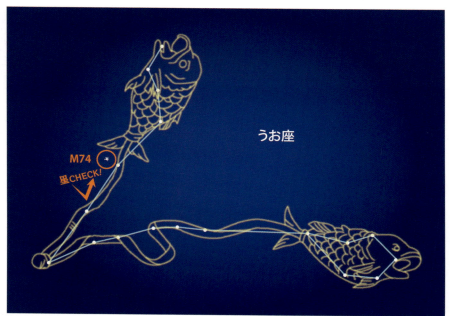

うお座は、目立つ星はありませんが、おひつじ座の隣にあり、アンドロメダ座とくじら座の間にある大きな星座です。ペガスス座の「秋の四辺形」に沿うように、V字を横にしたような形に星が連なっているのが、うお座になります

2620年には注目されないかもしれない

うお座は4等星以下の暗い星ばかりですが、西の魚のシッポ近くに黄道と天の赤道が交わる春分点を持つ星座として注目されています。春分点は、太陽の通り道「黄道」と「天の赤道」がちょうど交わる点のことで、毎年3月21日ごろの春分の日に、太陽がこの点を通って南半球から北半球へと移ります。しかしながら、春分点は地球の地軸の首振り運動による歳差のため、毎年角度にして50秒ずつ西に移動しており、2620年頃にはお隣のみずがめ座へと移ります。

M74
西の魚に結びつけられたひもの付け根あたりにある渦巻銀河。地球からの距離は3700万光年のところにあり、わたしたちの銀河系とほぼ同じ10万光年の大きさがあります。明るさが10等級と淡いので、小望遠鏡では渦巻きを確認するのは難しいでしょう。

星座のウソ? ホント?

秋の南天で唯一の1等星フォーマルハウトを含む、小さな星座「みなみのうお座」。星座図では、みずがめ座の水がめからこぼれ落ちた水を飲み干しているように描かれています。この「みなみのうお座」も、うお座と同じギリシャ神話なんです。不思議ですね。

12星座のエピソード　うお座

キューピットはヒゲが生えていた!?

うお座は母アフロディーテ（ビーナス）と息子エロス（キューピット）の姿だといわれます。ローマ神話では、息子エロスはラテン語のクピド（Cupido）、英語読みではキューピットとなりました。このクピドはかわいい小天使のイメージですが、元はヒゲの生えた男性の姿だったそうです。ヒゲが生えた大人の息子とはぐれないように、リボンで結んだかと思うと、ちょっとビミョーな感じです。もしかしたら、大人のクピドが母を助けるためにリボンを結んだかもしれませんけど。

うるわしき母子愛を象徴するような神話

ギ　リシャ神話では、うお座の2匹の魚は愛と美の女神アフロディーテ（ビーナス）と息子エロス（キューピット）の母子とされています。2人が川の岸辺を散歩していたとき、怪物テュフォンが襲いかかってきました。母子は魚に変身して川に飛びこみ、途中ではぐれないようにシッポをリボンで結びました。大神ゼウスは、母親が子どもを思う気持ちに打たれて星座にしたということです。やぎ座のパーンが参加した宴のときの話ともいわれています。

近代以降にできた星座

全天88星座のうち15世紀以降にできた40星座を設定者とともに紹介

第5章 12星座のエピソード

> ヨハン・バイエルによる星座はインパクトあるよね。インディアン座、ニューギニア島の極楽鳥はふうちょう座、南米のジャングルにいるくちばしの大きな巨嘴鳥はきょしちょう座…新大陸をめざす過程で見つけためずらしい人や動植物の姿を星座にしたんでしょうね!

ティコ・ブラーエ（1546～1601年／デンマーク）
天文学者、占星術師。1572年カシオペヤ座の超新星（ティコの新星）を発見するなど、望遠鏡時代前の最大の観測家で膨大な天体観測記録を残した。天体の運行法則「ケプラーの法則」を提唱したヨハネス・ケプラーは、彼の助手であった。

1	かみのけ座	※古代からあった星座だったが、トレミーが48星座制定の際に削除したものを復活。

ヨハン・バイエル（1572～1625年／ドイツ）
法律家であり天文学者。1603年に発行した全天星図『ウラノメトリア』で新たに南方の星座を設定した。現代の通常星図と同じというほど後世の天文学に多大な影響を及ぼしたが、これ以外の天体観測記録や天体理論は知られていない。

1	インディアン座	4	きょしちょう座	7	とびうお座	10	ふうちょう座
2	かじき座	5	くじゃく座	8	はえ座	11	ほうおう座
3	カメレオン座	6	つる座	9	はと座	12	みずへび座
						13	みなみのさんかく座

ヤコブス・バルチウス（1600頃～1633年／ドイツ）
天文学者ケプラーの娘と結婚した数学者で、ケプラーの研究を手伝ったという。なお「きりん座」は、もともと「らくだ座」と設定していたが、ラテン語のスペルが似ていたことから混同されて「きりん座」になったという。

1	いっかくじゅう座	2	きりん座	3	じゅうじか（みなみじゅうじ）座

※きりん座は、オランダの天文学者プランシウスが設定したとされる説もある。

ヨハネス・ヘヴェリウス（1611～1687年／ポーランド）
天体の観測器具の改良・製作に努めた天文学者。空気望遠鏡を開発して、1682年に到来したハレー彗星を観測。「ろくぶんぎ座」を設定するほど、観測とその装置に情熱を注いでいた。また、月の地形学の創始者ともされている。

1	こぎつね座	3	たて座	5	やまねこ座	7	ろくぶんぎ座
2	こじし座	4	とかげ座	6	りょうけん座		

ニコラ・ルイ・ド・ラカイユ（1713～1762年／フランス）
司祭であり、数学者にして天文学者でもある。1750年以降、喜望峰（ケープタウン）に滞在して南天の約1万の恒星（42の星雲を含む）を観測。1756年に約2000の恒星カタログと、それを記した星図を作成し、南天の14の新しい星座を設定。

1	がか座	6	ちょうこくしつ座	11	ほ座 ※	16	レチクル座
2	けんびきょう座	7	テーブルさん座	12	ぼうえんきょう座	17	ろ座
3	コンパス座	8	とけい座	13	ポンプ座		
4	じょうぎ座	9	とも座 ※	14	りゅうこつ座 ※		
5	ちょうこくぐ座	10	はちぶんぎ座	15	らしんばん座 ※		

※南天星座目録で、トレミーが設定したアルゴ座は、とも座・ほ座・りゅうこつ座・らしんばん座に分割された。

※トレミーの48星座については、第6章「星座ができたワケ」107ページにて紹介

第6章

星のお兄さん注目!
星のおもしろ話

星のはじまり

すべてのものに「はじまり」と「おわり」があるように、星も生まれ、そしてなくなります。今日も宇宙のどこかで星が誕生しているかもしれません。

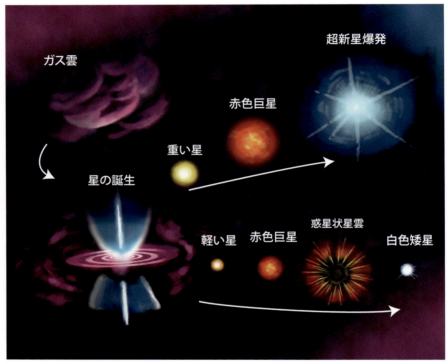

夜空に見える光り輝く「恒星」のはじまりです。太陽も恒星のひとつで約46億年前に誕生しており、仮に太陽は46才だとすると、約5000万年前に生まれたおうし座の昴（プレアデス星団）は生後6カ月程度の赤ちゃんといえます

星も地球も太陽もはじまりは水素とヘリウムガス

ビッグバンで生まれた宇宙は高温高圧でしたが、急激に膨張しながら冷え、水素とヘリウムの原子ができました。それらは互いの引力で回転しながら集まってガス雲となります。やがて円盤状になっていき、その中心では原始星とよばれる星の赤ちゃんができます。さらに周辺のガスを取り込みながら成長を続け、太陽の10倍〜100倍もあるような大質量星として宇宙空間に出現するのです。星の赤ちゃんである原始星の中心の温度が高く（約1000万度）なると輝きだします。

よく「星の数ほど女（もしくは男）はいるよ」なんて言いますけど、太陽系が属する銀河系にある星は約2000億個とか。しかも宇宙には銀河が1000億個以上もあるらしいので、星は…まさに天文学的な数ですよ。ちなみに世界の人口は70億人を突破したぐらいなので、星の数の方が多いですね。

星のウソ？ホント？

星の色で寿命がわかる？

夜空にキラキラと瞬く星は、同じように見えてもそれぞれ色が違います。どうして星の色が違うかというと、星の温度が違うからなんですね。星の表面温度が低いと「赤」、温度が高いと「青」に見えます。

さらに、星の色すなわち表面温度で、星の質量まで推測できるんです。赤い星は質量の小さい星か年老いた星で、青白く見える星の大部分は質量の大きい若い星なんです。

オリオン座リゲル

わし座アルタイル

ぎょしゃ座カペラ

うしかい座アルクトゥルス

さそり座アンタレス

太陽は表面温度約6000度の黄色い星です。リゲルは太陽の50倍の大きさで、明るさは太陽の4万倍とか。

星のお兄さんの星ネタトークショー

まさに！ 命尽きるまで燃える星☆

星にもいずれ寿命がやってきます。星は年老いると膨れ上がって赤色巨星になり、白色矮星になったり、超新星爆発を起こして一生を終えます。そして、炭素や窒素、酸素などのガスを放出し、また新しい星が生まれます。といっても、星は何十億年という長生きをするので、我々が生きている間に星の一生を見ることはできません。だけど、星にも人と同じく年齢や寿命があるなんて身近に感じますよね。ま、かなり遠くにいてはりますけど。

星の集まり銀河

夜空の星は天の川銀河（銀河系）の中の星。銀河系は約2000億個の恒星や惑星などが集まって巨大な渦巻をした星々の大集団なのです。

第6章　星のお兄さん注目！星のおもしろ話

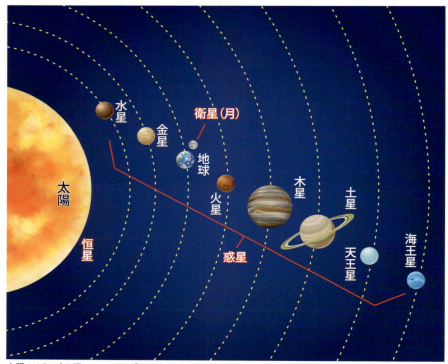

太陽のように自ら輝いている星が「恒星」。恒星の周りを回っている地球などは「惑星」で、惑星を回る星が「衛星」。地球にとっては月が衛星です。一般的に星とは恒星のこと。夜空に見える星のほとんどが恒星で自ら輝いています

すい、きん、ち、か、もく、どっ、てん、かい！

星といっても「恒星」「惑星」「衛星」と大きく3つの種類に分けられます。夜空で輝いているのは「恒星」で、自分で輝くことができる大きな星なのです。「惑星」と「衛星」は恒星の光を反射して輝きます。そして、惑星の周りを回るのが衛星です。太陽系を例にすると、太陽が恒星、水星・金星・地球・火星・木星・土星・天王星・海王星は惑星、月は地球の衛星となります。ちなみに、火星には2つ、木星や土星には50〜60個の衛星があるそうです。

光らない惑星に暮らしてるけど、できることなら、魅力が光り輝く人になりたいですよね。そんなステキな好青（恒星）年なんてね！笑　あ、ちなみに恒星年は太陽の周囲を1公転する時間のことです。ためになるねぇ～そんなギャグありましたよね（笑）。

星のウソ？ホント？

地球以外に生命体はいる？

天の川銀河の中にある地球から、見える銀河は、秋の星座の代表アンドロメダ座にある「アンドロメダ大銀河」。その距離は230万光年。我々の銀河系の直径は10万光年ですから、それよりもはるかに長いです。さらに星の数は1兆個含まれていると推測されているとか。しかも、宇宙にはこのような銀河が数億個以上あると考えられています。これだけ星があるなら、生命を発生させ、高度な文明をもつ惑星があっても不思議ではありません。いわゆる宇宙人がいる！　って思ってる方が、星を見る楽しみが増えるし、ロマンがあっていいよね。

銀河系（天の川銀河）
この天の川銀河の中に地球がある。その中心は太陽系から見るといて座の方向とか

アンドロメダ銀河
北半球で唯一肉眼でも見えるのが、天の川銀河のお隣さん「アンドロメダ銀河」

星がどこまでもついてくる!?

宇宙にある星は遠くにあるので、人が動いても見える方角はほぼ変わらず、ついてくるように見えます。星の距離を「光年」といいますけど、1光年は約9.5兆km。地球の近くにあるシリウスは8.7光年で、北極星は400光年です。とにかく、かなり遠いです。月までの距離は38万kmで0.00000004光年、太陽の距離は1億4960万kmで0.00001581光年となるので、月や太陽はかなりご近所な感じ。とはいえ、月も太陽も追いつくことはありません。安心して(!?)ストーキングされましょう（笑）。

星団と星雲、そして流星

星団は天の川銀河（銀河系）の中にある星の集団で、星雲はガスがたまった場所。見比べてみると全然違います。流れ星や流星群もそれぞれ違いがあります。

第6章 星のお兄さん注目！ 星のおもしろ話

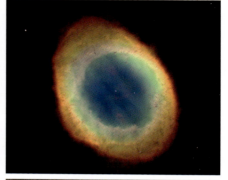

写真上から、おうし座の散開星団プレアデス星団（M45）、かに座の散開星団プレセペ星団（M44／NGC2632）、さそり座の球状星団（M80／NGC6093）

写真上から、惑星状星雲（M57／NGC6720）、散光星雲の干潟星雲（M8／NGC 6523）

星空の達人をめざして挑戦したい星団と星雲探し

星団は、天の川銀河（銀河系）の中にある星の集団です。若い星が多い「散開星団」と年老いた星が多い「球状星団」があります。一方、星雲は塵や星間ガスの集合体で、背後にある星の光を遮った影として見える「暗黒星雲」と、内部の星に照らされて光って見える「散光星雲」、さらに星の死後に残ったガスが星雲に見える「惑星状星雲」もあります。星雲や星団はぼんやりと広がる光なので、星座探しより難しいのですが、美しい星の集まりを見つけてみましょう。

星団や星雲にある「M（メシエ）」はM1〜M110まであって、リストを作った18世紀フランスの天文学者の名前。「NGC」は19世紀アイルランドの天文学者ドレイヤーによる、7840個の天体が載っている天体カタログ。どちらも気の遠くなるような作業…敬服です。

星のウソ？ホント？

星に願いをかけると叶う？

「流れ星が消えるまでに願いごとを3回となえると、願いごとが叶う」と、よくいわれていますよね。流れ星は、宇宙を漂う彗星が残したチリが地球に飛び込んできたとき摩擦で輝くもの。めずらしい現象ではありませんが見つけにくく、あっという間に消えてしまいます。たくさんの流れ星を見たいなら流星群がいいでしょう。流星群も流れ星と同じ彗星のチリで、発生時期もめどがつくので探してみましょう。願いごとが叶うかわかりませんが、流れ星や流星群を見ると、なんともステキな気持ちになりますからね！

主な流星群
- しぶんぎ座流星群 出現時期 1月2日〜5日
- こと座流星群 出現時期 4月16日〜25日
- ペルセウス座流星群 出現時期 8月7日〜13日
- オリオン座流星群 出現時期 10月18日〜23日
- ふたご座流星群 出現時期 12月11日〜16日

プレアデス星団付近の流星

北極星付近の流星

ふたご座流星群

※画像提供／倉敷科学センター　http://www2.city.kurashiki.okayama.jp/lifepark/ksc/tokusyu/per/index.html

---

宇宙の星はとにかくデカイ！

流れ星や流星群のもととなる彗星のチリですが、なんと0.1mm以下のごく小さなものから、数cm以上ある小石のようなものまでさまざま。とはいえ小さいです。では夜空の星はどのくらいかというと、太陽は地球の質量約33万倍。もっとも大きいといわれるさそり座アンタレスは太陽の600〜800倍とか。もう想像を絶する大きさです。そんな星が宇宙には何億もあるわけですから、星空を眺めていると、気持ちも大きくなるような気がするんですよ。いいリフレッシュになりますよ！

星のお兄さん注目！ 星のおもしろ話　星団と星雲、そして流星

星座ができたワケ

夜空に壮大な絵と物語を描いている星座は、現在88個あります。本来は暦を作るための目印だったそうですが、星座はいつ誰によって作られたのでしょうか。

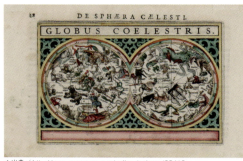

▲出典／http://www.raremaps.com/gallery/enlarge/23418

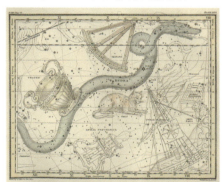

昔の星座早見盤ともいえる星図。古いものは古星図とも呼ばれます。恒星・星団・星雲など星座の位置や名称を平面で表したイラスト図解で、全天の地図でもあります。豊かな想像力とロマンを感じますね

夜空は古代のカレンダーだった！

いまから5000年以上も前、メソポタミア地方（現在のイラク付近）の人々は、星をつないで神様や動物の姿を想像しました。これが星座のはじまりです。そして規則正しく動く星を頼りに、農作物の種まきや収穫をしました。それがギリシャに伝わり、神話や伝説を星座とむすびつけ、さまざまな物語を作りだしたのです。15～16世紀の大航海時代になると、人々は遠くまで移動して、今まで知らなかった星を見ることができ、新しい星座がたくさん作られました。

時が経つほどに増えた星座は、1928年の国際天文学連合（IAU）総会で、これまでの星座を整理して88個になりました。天球上での星座の境界線は国際的にも厳密に決められていますが、なぜか星座の結び方については決められてないから不思議です。

トレミーの48星座

クロード・トレミー（生没年不明／ギリシャ）
「トレミーの48星座」を定めた2世紀の数学者、天文・占星学者、地理学者。

1	アルゴ座	13	おおぐま座	25	こいぬ座	37	ペガスス座
2	アンドロメダ座	14	おとめ座	26	こうま座	38	へび座
3	いて座	15	おひつじ座	27	こぐま座	39	へびつかい座
4	いるか座	16	オリオン座	28	コップ座	40	ヘルクレス座
5	うお座	17	カシオペヤ座	29	こと座	41	ペルセウス座
6	うさぎ座	18	かに座	30	さいだん座	42	みずがめ座
7	うしかい座	19	からす座	31	さそり座	43	みなみのうお座
8	うみへび座	20	かんむり座	32	さんかく座	44	みなみのかんむり座
9	エリダヌス座	21	ぎょしゃ座	33	しし座	45	や座
10	おうし座	22	くじら座	34	てんびん座	46	やぎ座
11	おおいぬ座	23	ケフェウス座	35	はくちょう座	47	りゅう座
12	おおかみ座	24	ケンタウルス座	36	ふたご座	48	わし座

※現在使われていないのは、後に4分割されたアルゴ座だけである。

トレミーの48星座は、「プトレマイオスの48星座」とも紹介されることがありますが、どちらも同じです。設定したクロード・トレミー（Claudius Ptolemaeus）は英語読みで、ラテン語読みだとクラウディオス・プトレマイオスとなるからです。また、トレミーの著書『アルマゲスト（天文学大系）』はギリシャ語→アラビア語→ラテン語と翻訳が繰り返されましたが、星の名前はアラビア語のまま書き写されたため、アラビア語由来の星が多いのだとか。

星座には設定当時の愛とロマンが詰まってる

大神ゼウスの奔放な愛となんでもありな変身ぶりに驚かされる「トレミーの48星座」ですが、そこには人間が抱く愛憎が感じられて、夜空を眺めながらニヤニヤしてしまいますよね。一方、17世紀以降に作られた星座（98ページにて紹介）は、天文学や航海、化学実験の道具などがモチーフになった星座が目につきます。ロマンチックな神話は由来していませんが、当時としては最先端で天文学者たちがロマンを感じるものを星座にしたのかと思うと、それはそれで味わい深いですよね。

星占いの星座と季節が違うナゾ

春生まれに該当するおひつじ座が、実際に夜空で見えるのは秋。誕生日には自分の星座を見たいものですが、見えないのです。そのナゾに迫ります！

第6章　星のお兄さん注目！　星のおもしろ話

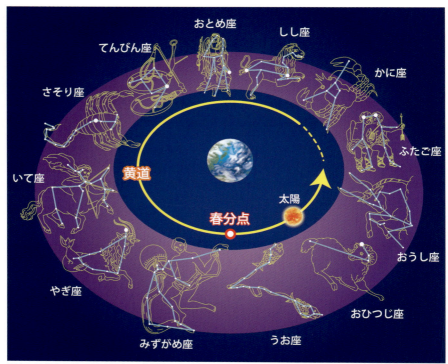

星占いに使われる12個の星座は、「黄道12星座」と呼ばれています。黄道は地球から見て、太陽の通り道のこと。ちなみに、月の通り道は「白道」といいます

占星術と天文学は、いまや別モノです

誕　生日と星座を結びつけ、その人の性格や運勢を占うのが星占いで、西洋占星術とよばれています。紀元前後には本格的な占星術（星占い）が行われるようになったとか。そこに登場するのは「黄道12星座」ですが、これは人間の生活にもっとも影響する太陽の通り道「黄道」の背景にある星座なので、自分の誕生日には星座は見られないのです。しかも、約2000年前からあるので、現在は地球の首ふり運動（歳差）のため春分点は移動し、ひとつ前の星座が該当するそうです。

ふたご座生まれのぼく。星座占いによると、その性格は、社交性があり、好奇心旺盛で、頭の回転が速く、口先も手先も器用…らしい。当たっているような、当たってないような。だけど、しゃべりはある程度達者かもしれません。プラネタリウムで星の解説をして鍛えてますから！（笑）

星のウソ？ホント？

黄道上の星座は13個らしい!?

古来、占星術（星占い）と天文学は同一の起源でしたが、時を経るにしたがって占星術の星座と天文学の星座は別々に発展。占星術では2000年前から変わらず黄道12星座を用いていますが、天文学では変革があり、黄道上では、さそり座とて座の間に「へびつかい座」の部分が存在するようになりました。それにより、1995年にイギリスの天文学博士で作家のジャクリーン・ミットンが、13星座占いを考案。それから20年経ちましたが、13星座は広まっていません。

13星座の「へびつかい座」は、11/30〜12/17に生まれた人が該当するとか

へびつかい座

夏の星座で、さそり座の上にある大きな五角形の星列が目印。五角形の頂点にある星が2等星のラス・アルハゲで、アラビア語で「蛇を持つ者の頭」という意味の言葉に由来し、星座図では蛇を退治する巨人の姿が描かれます（ギリシャ神話は38p参照）。日本では昔、穀物を選り分ける「箕（み）」と見立てられていました。

星を愛する気持ちはみんないっしょ！

古来、星を研究する点において、占星術（星占い）も天文学も同じ学問でした。しかし、15世紀頃から天文学は急速に発展。コペルニクスは地動説を唱え、ガリレオが望遠鏡を初めて宇宙に向けて観測し、ニュートンが万有引力を発見して天体の運動を解明…占星術とは別の道を駆け抜けます。だけど、占星術者も天文学者も、そしてプラネタリアンもみんな星が大好きなんですよ。だから進化する。そう考えると、星ってスゴイ影響力ありますね。

南半球で見える星座

南半球の星座のほとんどが天文学者ラカイユとバイエルによって制定されました。かじき座、カメレオン座など南半球らしい生き物も登場します。

どれも気になる星座ばかりですが、やっぱり「はえ座」は超ユニーク。南十字星の南にある小さな星座で、最初はみつばち座とも呼ばれていたとか。はえは、隣にいる「カメレオン座」のエサでしょうかねぇ。設定者のバイエルに理由を聞いてみたいですわー（笑）。

第6章　星のお兄さん注目！星のおもしろ話

日本では全く見られない星座は4つのみ

新　大陸めざして大航海をした時代、南で見る星空は北半球とは逆さまで、北半球にはない星が瞬き、興味深いものだったでしょう。北半球では北極星が方位を教えてくれますが、南半球では「みなみじゅうじ座」を頼りに航海したそうです。これは西表島なら見えるとか。南北に細長い日本なので、場所や天候等によっては南天の星座も見えることはあります。日本から見えない星座は、天の南極付近にある「はちぶんぎ座」「テーブルさん座」「カメレオン座」「ふうちょう座」。南半球で見たいものです。

南半球の星座リスト

インディアン座	コンパス座	とびうお座	みずへび座
かじき座	さいだん座	はえ座	みなみじゅうじ座
カメレオン座	じょうぎ座	はちぶんぎ座	みなみのさんかく座
きょしちょう座	テーブルさん座	ふうちょう座	レチクル座
くじゃく座	とけい座	ぼうえんきょう座	

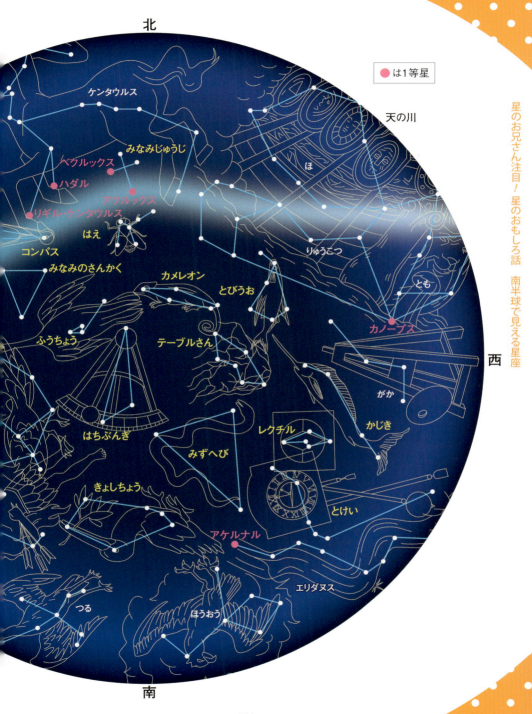

星物語 〜海外編〜

星や星座にまつわる物語は、世界各地で語り継がれています。その地域の歴史などもうかがえるので、見比べてみるとなかなかおもしろいですよ。

第6章 星のお兄さん注目！星のおもしろ話

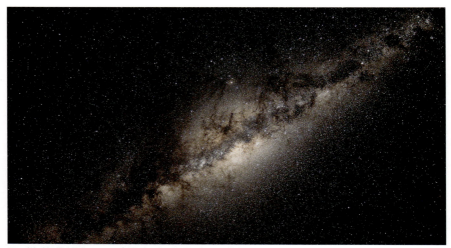

天の川が細長く見えるのは、太陽系を含む渦巻き銀河を内部から横に見ているから。丸いせんべいも横から見たら平べったいのと同じです

古来から注目されていた「天の川」

各地で「川」や「道」に見立てられていた天の川。英語で「ミルキーウェイ（Milky Way）」と呼ばれるのは、ギリシャ神話大神ゼウスの妃ヘラの乳が流れた「乳の河」に由来しています。

国別にみる天の川の話

- **ロシア** 渡り鳥が巣立つ子どもたちの道しるべになるように、羽を抜いて天にばらまいたのが、天の川になったといわれており、鳥の道と呼ばれています。
- **インド** 天のガンジス川と呼ばれ、神々が天へ昇る道であると伝えられていました。ガンジス川はヒンドゥー教において女神と神格化され、神聖な川とされています。
- **タイ** 白象の道と呼ばれています。白い象は神聖な動物とされ、王様だけが所有できる特別な存在でした。また、豚の道ともいわれているとか。
- **フィンランド** 仲睦まじい夫婦が、死後は別々の星に住むことになりました。愛する人と共に過ごすため、1000年かけて天に光の橋をつくりました。それが天の川です。
- **オーストラリア** 先住民アボリジニは、天を流れる川で、星々は魚やエサと考えていたそうです。また、雨と雲の精霊の姿だとも伝えられています。また、来世の土地へ続く道ともいわれるとか。

天の川と北斗七星（おおぐま座）に関する伝説は各地にあります。それだけ古来から目立っていたんですね。星座界の花形であるオリオン座は、ギリシャ周辺では英雄や王様に、中国では守り神の白虎、インドでは親孝行の若者の姿などに見立てられていました。

北斗七星は柄杓？ それとも車？？

おぐま座の一部である北斗七星は、目立つ星列のせいか各地でさまざまな呼び名や伝説があります。アメリカでは「グレート・ディックバー（大きな柄杓）」、フランスでは「ソースパン（柄のついた深鍋）」、エジプト・スカンジナビア・イギリス・中国では神もしくは王の車などと呼ばれています。

国別にみる北斗七星の話

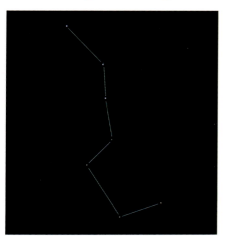

北米インディアンたちは北斗七星そのものが熊で、森の精がシッポをつかんで振り回したため伸びたとか

ロシア

日照りが続き、少女は柄杓をもって水を探しに行きました。見つからず倒れましたが、気づくと柄杓は水で一杯に。帰る途中、痩せた子犬に水を分けると柄杓は銀になり、家で母親は少女に水を飲ませると柄杓は金になりました。さらに突如現れた老人に水を分けたら、柄杓から水がわき出し、7つの宝石が飛び出して星座になったそうです。

韓国

ある富豪が大工に四角い家の建築を依頼しましたが、完成してみると歪んでいました。腹を立てた富豪の息子は、斧で大工に殴りかかり、富豪の父は止めに入る…そんなてん末を表しているのが北斗七星。柄杓の4星は歪んだ家で、柄の3星は富豪の父、息子、大工とか。

国や文化は違っても星は崇める存在だった

かつて南米で繁栄していたインカ帝国でも星座はありました。北半球よりも暗い天の川を中心に、リャマ、子リャマ、キツネ、ウズラ、カエルなどの姿に見立てていたとか。動物ばかりですねぇ。というのも、星座となった動物たちが増えることで食料も豊かになると考え、崇めていたそうです。もしかしたら古代文明のアンデス文明やマヤ文明から、インカ帝国に伝わった星座かも…と思ったりして。星座を探ると、太古の人々の暮らしも感じられますね。

星物語 〜日本編〜

日本にも星に関する物語はあります。最近だと、ヒーローものや宇宙飛行士ものなど星というより宇宙を舞台にしたマンガやアニメの作品がたくさんありますよね。

第6章 星のお兄さん注目！星のおもしろ話

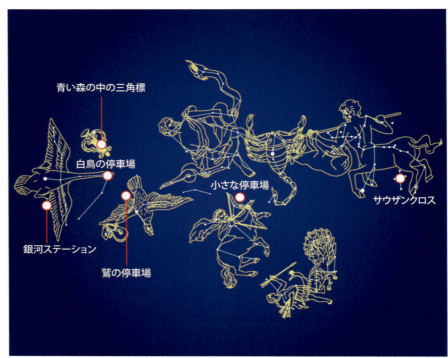

「銀河鉄道の夜」では、はくちょう座のアルビレオ観測所で二重星の描写があり、宮沢賢治の天文知識と観察眼が優れていたことがうかがえます

『銀河鉄道の夜』は星空案内もしてくれる

宮沢賢治の『銀河鉄道の夜』は、少年ジョバンニが友だちのカムパネルラとともに銀河鉄道の旅に出るという物語ですが、実は夏の天の川の風景も描かれているのです。列車の出発地は「はくちょう座」デネブで、銀河鉄道はそこから南下して、わしの停車場「わし座」アルタイルを経て、「さそり座」アンタレス、ケンタウルス、南十字へと旅をしていくのです。星座の知識を持ちながら『銀河鉄道の夜』を読んでみると、物語も星座もよりおもしろくなりますね。

> オリオン座のリゲルは源氏星で、ベテルギウスは平家星、プレアデス星団は昴など、日本独自の呼び名（和名）はわりとあるんですが、日本神話に結びついている星座は少ないんですよね。農耕民族で太陽とともに暮らし、星を頼りに移動する機会が少なかったからとか、いろいろ説はあります。

星に願いをかけるのは七夕がはじまり!?

7月7日といえば七夕です。1年に1度だけ、愛し合う織女（こと座のベガ）と牽牛（わし座アルタイル）が会える日といわれています。もともと中国で、この2つの星が旧暦7月7日に最も光り輝いているように見えることから、この伝説が生まれたとか。それが奈良時代に中国から伝わり、日本の習俗と融合して七夕になったそうです。

願いごとを書いた短冊を笹竹につるして星に祈るのは、江戸時代から始まったもので、日本独特の風習とか

天の神の娘・織女（織姫）は、互いに一目惚れした牽牛（彦星）と結婚しました。仲がよすぎて働かなくなったふたりに天の神は怒り、天の川の両岸に引き離してしまいました。織女は毎日泣き続けたので、哀れに思った天の神は1年に1度、7月7日の夜にだけ会うことを許しました。

あのヒーローの出身地はどこ？

宇宙を舞台にした物語はたくさんありますけど、思い出深いのは、地球で活躍したヒーローのウルトラマンです。彼らの出身は「M78星雲」。これ、ホントにありまして、オリオン座にある反射星雲（星間分子雲）で、地球からの距離は1600光年なんです。ウルトラマンはいませんが、いや、もしかしたらいるかもしれませんけど、星空を見上げてオリオン座を見つけたら、「M78」も探してみましょう。オリオン座の三つ星の東端の方にあって、環境がよければ双眼鏡でも見えるはず。

野外で星空鑑賞

星座を楽しむなら、やっぱり実際に夜空を見上げて星を眺めるのがイチバンです。
野外の星空鑑賞に役立つ情報やグッズ、そしてアプリを紹介します。

第6章　星のお兄さん注目！　星のおもしろ話

夜空は星の大スペクタクルロマンが広がる

星空鑑賞は、夜空を見上げて星を眺めるという、とてもシンプルなこと。それをするだけで日常の忙しさから解放されてリラックスもできますから、ちょっとした息抜きにもぴったり。しかも、自分の目があれば十分楽しめるというお手軽なことでもあります。

星をキレイに見るなら人工光の少ない郊外で、空が開けているキャンプ場、オフシーズンのスキー場は星空鑑賞に最適。最近ではスターウォッチングツアーのようなプランも地方にあるので利用するのもいいかもしれません。さらに、星座早見表、双眼鏡や望遠鏡、そしてちょっとした星と星座の知識があれば、おもしろさは倍増します。懐中電灯を持参する場合は、赤いセロファンをかぶせて減光すると、暗闇に慣れた目を刺激しないで済みます。

また、全国各地にある一般市民向けの公開天文台や科学館で、天体観測会も行われていますから、大型望遠鏡で天体ショーを見るのも迫力があっていいものです。

星空鑑賞は「さける」ことが大切だと思います。ネオンなど人工の明かりをさける、雲をさける、森をさけること。そして季節や地域にもよりますが、虫をさける、熊をさけることも忘れずに！　これホントに大切です。家に帰るまでが星空鑑賞ですよー！

星のお兄さんも活用!? 便利な星座アプリ

最近は気軽に使えるデジタル端末が多いので、星座アプリを活用していることも多いと思います。星のお兄さんもそんなひとりではあります。星座アプリが優秀過ぎて、商売あがったりですわー（笑）。

大人も大満足！ シンプルで便利なポケット図鑑
88星座図鑑（Dreams Come True Inc.）
全天88星座に関する基本データや星座の神話、さらに天文の基礎知識やマメ知識などが紹介されています。さらに、今、星座がどの辺に見えるのかが分かる「星座レーダー」機能が便利（星座レーダーは一部の機種向けの有料オプション）。

かざす方向の星座や南半球の星空も見られる
スカイマップ（Sky Map Devs）
自分がいる場所を中心に360度の星を見ることができ、実用的な夜間モードがあるというスグレもの。位置の設定も変えられるので、日本はもちろん海外の星空も見られるうえ、タイムとラベル機能を使うと過去の星空もわかります。

提供／Google

彗星がいつどの方角に見えるか教えてくれる
Comet Book（コメットブック）（株式会社ビクセン）
彗星の動きは早いので予測は難しいのですが、これは彗星が見頃になる時期に合わせて、彗星の位置を確認できるアプリ。あらかじめ彗星の見える方角と高さを確認しておけるから、尾を引いて見える彗星を目の当たりにできるかも！

※使用する端末によっては適合しない場合もあります。また有料版もありますので、使用する場合は十分ご確認ください。

本物の星を探検しよう！

プラネタリウムの星々は大変キレイなのですが、所詮はニセモノの星に過ぎません。やはり、実際の夜空の星を見ることも忘れないでほしいのです。最近、僕は長野県の阿智村の生星空で解説する機会を多くいただいています。星のライブショーだから、突如現れる流れ星を見つけてみんなで感動を共有することもできます！　そして満天の星を見るお客さんの眼は星よりキラキラ輝いているんです！　まぁ、暗いからちゃんと眼は見えてないのですがね！（苦笑）

プラネタリウムに行こう！

全国各地に300館以上あるというプラネタリウム。ユニークな取り組みや季節に応じたプログラムの上映もあるので、何度行っても楽しめますよ！

第6章　星のお兄さん注目！　星のおもしろ話

星のお兄さんの"笑える"星座解説が人気のプラネタリウム「デジタルスタードームほたる」は、総合リゾートホテル　ラフォーレ琵琶湖に隣接しています

星兄直伝！　プラネタリウムをもっと楽しむ方法

現在のプラネタリウムは、丸く大きなドーム型スクリーンに、季節による星空の移り変わりなどの天体現象を投影する装置のことをいいます。

世界初のプラネタリウムは、1923年にドイツで誕生した「カールツァイス1型」で、4500個の恒星と5つの惑星の運行を再現。現在は、数万以上の星をリアルに投影する「光学式プラネタリウム」が主流になってきており、CG映像や音響システムを駆使しているから圧倒的な臨場感の中で星空を楽しめます。

プラネタリウムの上映がはじまると徐々に暗転していきますが、暗闇に目が慣れにくくて星を見にくいこともあるので、ちょっと早めに着席して目をつぶっておくかアイマスクがあると便利です。投影途中に入退場できないこともあるので上映時間の確認とトイレは忘れずに。ちなみにプラネタリウムの座席は、水平型ドームの場合は後方寄り、傾斜型ドームの場合は中央後方寄りが、よく見渡せます。プラネタリウムという宇宙空間で気軽に星空を体感してみましょう！

おかげさまでプラネタリアン歴30年を迎えました。迫力のサウンドと星空やCG映像を使った照明効果、多彩なゲストによるライブなどを織り交ぜて、今までにないステージをご覧いただけるようにしています。全国各地で出張公演もしてますので見に来てね！

映画のようにプラネタリウムも作品で選ぼう

プラネタリウムでは多くの場合、その時期に見える星座の解説のほかにプログラムの上映があります。上映作品には、マンガやアニメのキャラクターなどが出てくる子ども向け作品から、最新のCG技術を駆使した迫力の映像作品など実にさまざま。だからテーマや目的に応じて上映作品を選ぶと、プラネタリウムの楽しさが倍増しますよ。

星のお兄さんもリスペクトしている プラネタリウムのクリエイター

星のお兄さんも、星と音楽、そして笑いのあるオリジナルプログラム制作してます！

KAGAYAさん

プラネタリウム映像クリエイターでCG作家でもあるKAGAYAさん。豊富な天文知識と卓越したアートセンスがあり、宇宙と神話の世界を描かせたら世界屈指だと思う！ 幻想的で透明感もあふれる独特の色彩感覚によるデジタルペインティングは、とにかく美しいのです。プラネタリウム番組「銀河鉄道の夜」が全国各地で上映され大ヒット！

大平貴之さん

プラネタリウム・クリエーターの大平さんによって生み出されたスーパープラネタリウム「MEGASTAR」。これまで6千〜3万個程度だった投影星数を、世界で初めて170万個に！ 現在は2200万個にまで進化！ 光学式のMEGASTARから映し出される美しい星空とCGを融合させたオリジナル番組では、まるで宇宙遊泳しているかのような感覚が味わえるのだ。

上坂浩光さん

映画監督、CGクリエーター、イラストレーター、天体写真家など多方面で活躍。子どもの頃から宇宙へのあこがれが強く、天文台までつくったとか。JAXAの小惑星探査機はやぶさの活動を描いたプログラム『HAYABUSA BACK TO THE EARTH』では数々の賞に輝く。圧倒的にリアルな映像は、宇宙空間に吸い込まれそうなほど臨場感たっぷり。

星のお兄さん注目！ 星のおもしろ話 プラネタリウムに行こう！

星座リスト

春の星座

おおぐま座・・・・・・・・・・10
こぐま座・・・・・・・・・・・12
うしかい座・・・・・・・・・・14
りょうけん座・・・・・・・・・14
うみへび座・・・・・・・・・・16
からす座・・・・・・・・・・・16
コップ座・・・・・・・・・・・16
おおかみ座・・・・・・・・・・18
ケンタウルス座・・・・・・・・18
こじし座・・・・・・・・・・・20
やまねこ座・・・・・・・・・・20
かみのけ座・・・・・・・・・・22
かんむり座・・・・・・・・・・22
ポンプ座・・・・・・・・・・・22
ろくぶんぎ座・・・・・・・・・22

夏の星座

こと座・・・・・・・・・・・・26
いるか座・・・・・・・・・・・28
はくちょう座・・・・・・・・・30

秋の星座 ❶

- わし座・・・・・・・・・・・32
- りゅう座・・・・・・・・・・34
- ヘルクレス座・・・・・・・36
- こぎつね座・・・・・・・・38
- たて座・・・・・・・・・・・38
- とかげ座・・・・・・・・・38
- へびつかい座・・・・・・・38
- へび座・・・・・・・・・・・38
- みなみのかんむり座・・・38
- や座・・・・・・・・・・・・38

- ペガスス座・・・・・・・・42
- カシオペヤ座・・・・・・・44
- ケフェウス座・・・・・・・46
- アンドロメダ座・・・・・・48
- ペルセウス座・・・・・・・50
- くじら座・・・・・・・・・52

秋の星座 ❷

こうま座・・・・・・・・・・・54
さんかく座・・・・・・・・・54
ちょうこくしつ座・・・・・・54
つる座・・・・・・・・・・・54
ほうおう座・・・・・・・・・54
みなみのうお座・・・・・・54

こいぬ座・・・・・・・・・・60
ぎょしゃ座・・・・・・・・・62
エリダヌス座・・・・・・・・64
いっかくじゅう座・・・・・66
うさぎ座・・・・・・・・・・66
はと座・・・・・・・・・・・66
きりん座・・・・・・・・・・68
とも座・・・・・・・・・・・70
ほ座・・・・・・・・・・・・70
らしんばん座・・・・・・・70

冬の星座

オリオン座・・・・・・・・58
おおいぬ座・・・・・・・・60

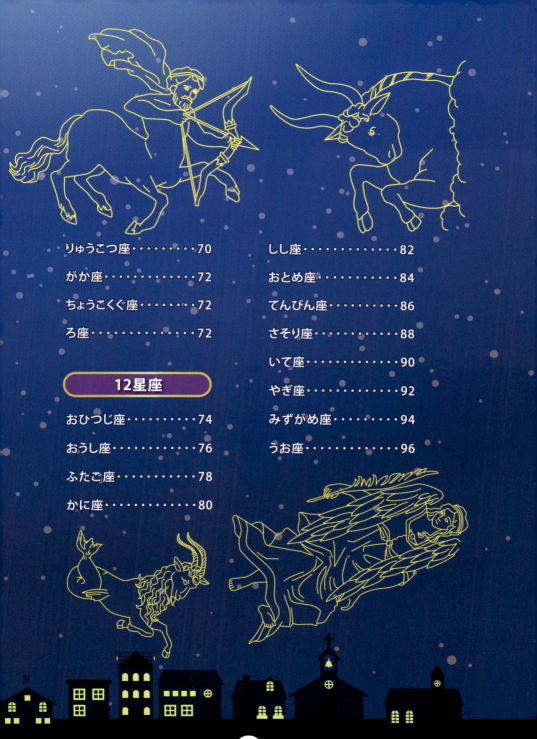

りゅうこつ座・・・・・・・・70
がか座・・・・・・・・・・・72
ちょうこくぐ座・・・・・・・72
ろ座・・・・・・・・・・・・72

12星座

おひつじ座・・・・・・・・・74
おうし座・・・・・・・・・・76
ふたご座・・・・・・・・・・78
かに座・・・・・・・・・・・80
しし座・・・・・・・・・・・82
おとめ座・・・・・・・・・・84
てんびん座・・・・・・・・・86
さそり座・・・・・・・・・・88
いて座・・・・・・・・・・・90
やぎ座・・・・・・・・・・・92
みずがめ座・・・・・・・・・94
うお座・・・・・・・・・・・96

INDEX

あ

- アンドロメダ座・・・・・・・48
- いっかくじゅう座・・・・・・66
- いて座・・・・・・・・・・・90
- いるか座・・・・・・・・・・28
- うお座・・・・・・・・・・・96
- うさぎ座・・・・・・・・・・66
- うしかい座・・・・・・・・・14
- うみへび座・・・・・・・・・16
- エリダヌス座・・・・・・・・64
- おうし座・・・・・・・・・・76
- おおいぬ座・・・・・・・・・60
- おおかみ座・・・・・・・・・18
- おおぐま座・・・・・・・・・10
- おとめ座・・・・・・・・・・84
- おひつじ座・・・・・・・・・74
- オリオン座・・・・・・・・・58

か

- がか座・・・・・・・・・・・72
- カシオペヤ座・・・・・・・・44
- かに座・・・・・・・・・・・80
- かみのけ座・・・・・・・・・22
- からす座・・・・・・・・・・16

かんむり座・・・・・・・・22
ぎょしゃ座・・・・・・・・62
きりん座・・・・・・・・・68
くじら座・・・・・・・・・52
ケフェウス座・・・・・・・46
ケンタウルス座・・・・・・18
こいぬ座・・・・・・・・・60
こうま座・・・・・・・・・54
こぎつね座・・・・・・・・38
こぐま座・・・・・・・・・12
こじし座・・・・・・・・・20
コップ座・・・・・・・・・16
こと座・・・・・・・・・・26

さそり座・・・・・・・・・88
さんかく座・・・・・・・・54
しし座・・・・・・・・・・82

たて座・・・・・・・・・・38
ちょうこくぐ座・・・・・・72
ちょうこくしつ座・・・・・54
つる座・・・・・・・・・・54
てんびん座・・・・・・・・86
とかげ座・・・・・・・・・38
とも座・・・・・・・・・・70

は

はくちょう座・・・・・・・・30

はと座・・・・・・・・・・・66

ふたご座・・・・・・・・・78

ペガスス座・・・・・・・・42

へびつかい座・・・・・・・38

へび座・・・・・・・・・・38

ヘルクレス座・・・・・・・36

ペルセウス座・・・・・・・50

ほうおう座・・・・・・・・54

ポンプ座・・・・・・・・・22

ほ座・・・・・・・・・・・70

ま

みずがめ座・・・・・・・・94

みなみのうお座・・・・・・54

みなみのかんむり座・・・38

や

やぎ座・・・・・・・・・・・92

やまねこ座・・・・・・・・・20

や座・・・・・・・・・・・・38

りょうけん座・・・・・・・・14

ろくぶんぎ座・・・・・・・・22

ろ座・・・・・・・・・・・・72

わ

わし座・・・・・・・・・・・32

ら

らしんばん座・・・・・・・・70

りゅうこつ座・・・・・・・・70

りゅう座・・・・・・・・・・34

[監修]
「星のお兄さん」田端 英樹

[編集]
浅井 精一
佐藤 和彦

[文]
「星のお兄さん」田端 英樹
しだ まゆみ

[イラスト]
松井 美樹

[デザイン・制作]
垣本 亨

[協力]
有限会社大平技研
有限会社カガヤスタジオ
有限会社ライブ
Google
ライフパーク倉敷科学センター
有限会社ドリームズ・カム・トゥルー
株式会社ビクセン

新訳!星座の楽しみ方
「星のお兄さん」の笑説観察ガイド

2015年8月15日 第1版・第1刷発行
2024年8月5日 第1版・第9刷発行

監修者　田端 英樹(たばた ひでき)
発行者　株式会社メイツユニバーサルコンテンツ
　　　　代表者　大羽 孝志
　　　　〒102-0093 東京都千代田区平河町一丁目1-8
印　刷　株式会社厚徳社

◎『メイツ出版』は当社の商標です。

●本書の一部、あるいは全部を無断でコピーすることは、法律で認められた場合を除き、
　著作権の侵害となりますので禁止します。
●定価はカバーに表示してあります。

©カルチャーランド,2015.ISBN978-4-7804-1567-4 C2044 Printed in Japan.

メイツ出版ホームページアドレス http://www.mates-publishing.co.jp/
企画担当:堀明研斗　制作担当:清岡香奈